シリーズ 環境政策の新地平 1
グローバル社会は持続可能か

シリーズ
環境政策の新地平 1

# グローバル社会は持続可能か

亀山康子・森 晶寿 編

岩波書店

【編集委員】

大沼あゆみ
亀山康子
新澤秀則
鷲田豊明

# 「シリーズ 環境政策の新地平」の刊行にあたって

　20世紀後半に顕在化・深刻化した環境問題は，地域と国，さらには国際社会で，主要な社会問題となり，激しい議論と環境運動を引き起こした．学術的にも，環境問題の解決を探る研究が大規模に展開された．こうした積み重ねにもとづき，21世紀の十数年で多くの国で，環境目的に沿った，数々の環境政策が導入されるに至った．

　しかし，そうした状況であっても，環境問題の多くに解決する兆しはまだ見えない．

　個々の環境問題はより複雑なものとなり，しかも新たな環境問題も顕在化している．気候変動の問題は，京都議定書の第一約束期間をすでに終えたが，より多元化・複雑化し，問題解決に向けた合意形成が終結する気配が見えてこない．また，世界経済における中国や新興諸国の台頭はめざましく，資源利用の競合を高めることで天然資源の枯渇を速めている．さらに，減少と劣化が激しい生物多様性は，生物種や生態系を保護するローカルな問題だけではなく，グローバルな問題であるとの認識のもとで，各国の協力が強く求められるようになっている．古くから環境被害をもたらしてきた越境汚染問題では，日本でも被害が発生するものの，解決のための取り組みは，いまだなされていない．

　一方で，企業・市民レベルで環境意識が高まりを見せ，カーボンオフセットの利用や環境認証製品の購入の拡大など，直接・間接を問わず，環境への自発的貢献が見られるようになった．こうしたアクターが十分に増え，環境改善を加速化する土壌が醸成されてきたと言ってよい．

　さらに，日本においては，自然災害も環境をめぐる状況に大きな変化を与えた．2011年3月11日に発生した東日本大震災を契機として，わが国における将来世代に配慮したエネルギー構成のあり方，放射能汚染による生態系への影響や瓦礫の処理など，多くの新たな次元の環境問題の解決を迫られ始めた．特に，福島第1原子力発電所の事故は，世界各国にも，そのエネルギー政策の再考を強く求めることになった．

「シリーズ　環境政策の新地平」は，このように環境問題の内容と範囲が大きく変わり，持続可能な社会を実現するための新たな環境目標と社会経済状況の変化に沿うように，環境政策を設計し直す必要性が高まったことを受けて企画された．学術的成果を統合し，今求められている環境政策研究を提示する機はまさに熟した．

　本シリーズは，今日の様々な環境問題から8つのテーマを選び取り，さらに，それぞれについて8つの政策課題を取り上げている．8テーマのいずれも，持続可能な社会を設計していく上で支柱となる重要性の高いものである．環境経済・政策学の最新の研究成果をもとに，将来世代を考慮した時間的視点，ローカルとグローバル経済社会の両者に目を配る空間的視点，さらにはアクター間の相互関連を念頭に置き，新たな次元に位置する環境政策をわかりやすく論じている．環境研究に関心を持つ人々に新たな知的刺激を与え，学術的研究をさらに促進させるものとなると同時に，現実の制度設計等に反映されることをも望んでいる．

　本シリーズが，われわれ社会が着実に歩を進めて行くことのできる，目指すべき環境政策の「地平線」を指し示すものとなれば幸いである．

　　　2015 年 4 月

大沼あゆみ<br>
亀 山 康 子<br>
新 澤 秀 則<br>
鷲 田 豊 明

# 目　次

刊行にあたって

序章　グローバル社会と持続可能な発展 … 森　晶寿・亀山康子　　1

第1章　持続可能な発展論 …………………… 植田和弘　　11
　1.1　持続可能な発展の定義・解釈はなぜ多様になるのか　12
　1.2　持続可能な発展論の実践的展開　14
　1.3　持続可能な発展の経済学的定式化　17
　1.4　ソーシャル・キャピタルと持続可能な発展　25
　1.5　持続可能な発展は誰が担うのか　28

第2章　持続可能な発展を計測する指標 … 諸富　徹　　33
　2.1　「持続可能な発展指標」をめぐる議論の展開　34
　2.2　「持続可能な発展」概念と資本アプローチ　39
　2.3　持続可能性と「主観的幸福」　42
　2.4　持続可能な発展指標の活用と、
　　　 その経済政策へのインパクト　47
　2.5　さらなる研究の発展に向けて　48

第3章　国際貿易・投資の自由化と環境保全 … 大東一郎　　53
　3.1　国際貿易・投資から環境へ　54
　3.2　環境政策から国際貿易・投資へ　59
　3.3　再生可能資源と特化・貿易利益・資源管理制度　66
　3.4　都市失業のある発展途上国における
　　　 国際貿易・投資と環境保全　69

## 第4章　貧困と環境破壊 …………………………… 金子慎治　75

- 4.1　貧困と環境の多様な視点　76
- 4.2　農村における貧困と環境　81
- 4.3　都市における貧困と環境　86
- 4.4　対策に向けて　91

## 第5章　環境と女性／ジェンダーの主流化 …… 萩原なつ子　97

- 5.1　環境問題と環境運動における女性　98
- 5.2　環境と女性／ジェンダーに関する理論的系譜と潮流　101
- 5.3　環境と女性／ジェンダーの主流化　108
- 5.4　リオ＋20の成果文書と女性／ジェンダーの主流化の今後の課題　113

## 第6章　エコツーリズムと環境保全 …………… 薮田雅弘　119

- 6.1　エコツーリズムとは何か　120
- 6.2　エコツーリズムから持続可能な観光へ　122
- 6.3　持続可能な観光からエコツーリズムへ　127
- 6.4　エコツーリズムとガバナンスの展開　132
- 6.5　グローバル化とエコツーリズムの未来　137

## 第7章　地球環境ガバナンスの理論と実際 …… 阪口　功　141

- 7.1　「地球公共財」の供給問題　142
- 7.2　国際制度　144
- 7.3　世界市民社会とプライベート・レジーム　148
- 7.4　大気環境　150
- 7.5　生物多様性の保全　155

## 第8章　東アジアの経済発展と環境協力 … 森　晶寿　163

- 8.1　東アジアの環境問題の経済・制度的要因　164
- 8.2　東アジアにおける国際環境協力の意義と変容　169

8.3 中国主導の国際的エネルギー・環境枠組みの
    構築の動き　177
8.4 東アジアの持続可能な発展への移行戦略　179

リーディング・リスト　185

索　引　189

# 序章 グローバル社会と
##    持続可能な発展

森　晶寿・亀山康子

## グローバル化と環境問題

　1990年代に冷戦が終結し，交通・通信技術が爆発的な発展を遂げるとともに，国際間での財・サービス，資本，労働の取引や移動，そして情報の伝達が容易になった．この結果，財・サービスの貿易や資本取引が急速に増加し，文化的コンテンツも国を越えて消費されるようになった．さらに環境汚染や感染症も，容易に国を越えて拡大するようになった．言い換えれば，現代の社会は，「既存の多くの国境や境界線の意義を失わせるほど緊密かつグローバルな相互連関とフローが，経済・政治・文化・環境の面で存在することを特徴とする社会的状態」[1]への変容のプロセスにあると言える．本章では，さしあたりこれをグローバル社会と定義し，議論を進めることとする．

　経済のグローバル化は，技術発展に加えて，国際市場における取引費用を低下させることで進展した(Rodrik, 2011)．国際市場は，主権国家によるフォーマルな制度的枠組みの外側で動いているが，特別な取り決めがないために，市場を支える制度的枠組みに欠ける．このため，国際貿易・金融には国内取引と比較して固有の取引費用が存在する．この取引費用には，関税や輸入規制などの貿易障壁だけでなく，国際間の通貨・法的慣行・銀行規制・労働基準などの相違も含まれる．1990年代以降，新自由主義イデオロギーの浸透と貿易・金融の自由化，規制緩和によって，この取引費用は大幅に削減されてきた．

　この取引費用の削減には，世界貿易機関(WTO)，国際通貨基金(IMF)，世界銀行が，積極的な役割を果たしてきた．WTOは，自由化の範囲を，工業製品

だけでなく農業や金融・通信・流通などのサービスの取引に拡大し，知的財産権のルールも設定した．そして上級委員会を設置し，裁定結果に他の国際機関にはない強制力と拘束力を持たせるなどの紛争処理手続きを強化したことで，敗訴した国は問題とされた政策を撤廃するか，原告に対して補償を支払わなければならなくなった．この結果，税制，食品の安全規制，環境規制，産業育成政策など，以前は外国の影響を受けなかった国内政策が貿易紛争の対象となり始めた．

またIMFと世界銀行は，債務危機や経済危機に陥った国に，融資を行うのと引き換えにそのコンディショナリティとして，「ワシントン・コンセンサス」と呼ばれる政策改革パッケージの導入を要求してきた．これには，過大評価された為替レートの切り下げと管理撤廃，財政赤字削減，税制改革などのマクロ経済安定化政策に加え，国有企業の民営化と公共財・サービスの民間供給，資本規制を含む規制緩和・撤廃，労働規制改革，貿易・金融の自由化などが含まれていた．この結果，経済力の小さい国ほど，為替レートの安定性やマクロ経済政策の自律性を失うことになった．

経済のグローバル化は，その半面，過去に例のないほどの規模・速度・深刻さで地球環境を悪化させてきた．大気汚染・水質汚濁・有害廃棄物の越境移動は日常的となり，気候変動や生物多様性の喪失，砂漠化，水不足などのグローバルな環境問題も改善の兆しを見せていない．貿易自由化は，消費拡大と比較優位に基づいた国際分業を進めたが，この過程で一次産品や資源・エネルギー輸出に依存する国はますますその輸出に対する依存度を高め，資源の収奪や環境の悪化を加速させた．貿易・金融自由化や規制緩和は，政府の採りうる政治的選択肢の内容を著しく制限し，多国籍企業が課税やその他の政治的規制を免れることを容易にした(Steger, 2009)．国内の環境政策も国際市場や多国籍企業により大きな影響を受けるようになり，貿易や外資誘致での優位を確保するために各国が労働・安全・環境規制の緩和や法人税の減税を競う「底辺への競争」(race to the bottom)を引き起こした(Zarsky, 2002)．結果，格差の小さな社会か，生き方・地域文化の多様な社会のいずれかを断念することを迫られている(藤田，2014)．

持続可能な発展[2)]を実現するには，1つの課題や制約を克服するために立

案・実施した政策や制度変更によって現れる課題や制約に対して，柔軟かつ長期的に対応していくことが求められる．ところが経済のグローバル化は，国家が国内に生じた課題に連続して取り組む手法を考案し実施することのできる政策の余地を狭めてきた．

## グローバルな環境基準・政策の強化に向けた国際的協調

　政府が問題解決のために採りうる政策余地を拡大する1つの方法は，持続性を担保する規制基準を設定し，全世界で一律に執行することである．ところが現在，基準や政策の強化を主導する地球政府は存在しない．むしろ中央集権機構が存在しない「アナーキーな国際社会」（本巻第7章）の構造にある．そこで現実的な対応として，グローバルな協調的対応が模索されてきた．

　これまでいくつかの制度や主体が，グローバルな協調的対応を促してきた．第1は，国際環境条約である．これまで大気汚染，水質汚濁，有害物質，気候変動，生物多様性等の分野でいくつかの国際環境条約が締結されてきた．その中には気候変動枠組み条約のように，交渉プロセスに途上国だけでなくNGOも公式・非公式に加わり，その問題関心を交渉に反映させることができたものもあった．そしてオゾン層破壊，砂漠化，気候変動，生物多様性，国際水管理，残留性有機汚染物質では，先進国の援助機関や地球環境ファシリティ（GEF）などが，条約を批准した途上国が履行に必要な制度を構築するための支援を行ってきた．さらに気候変動分野では，効率的かつ大規模な排出削減を促すために，公的資金だけではなく民間資金を動員する京都メカニズムが制度化された．

　第2は，国連環境会議である．1972年の国連環境人間会議は，東アジアの政府に環境保全の重要性を認識させ，政府に環境保全組織を設立する契機を与えた．1992年の国連環境開発会議（UNCED）では，全ての国にアジェンダ21の作成を推奨した．これを受けて世界銀行は，国際開発協会（IDA）の無償援助適格国にその更新と引き換えに，国家環境行動計画の作成を要求した．また世界銀行を含む多国間開発機関や先進国の援助機関は，環境保全を主目的とする支援を大幅に増やすとともに，支援する開発プログラムや事業に環境やジェンダーの要素を組み込むようになった．

第3は，欧州連合(EU)である．欧州は市場統合の過程で各国ごとに異なる標準や規制を調和してきたが，1990年代の欧州統合の深化に向けた交渉の中で，オランダやデンマークは，環境保護をEUの重要な目的とすることや，環境政策を予防原則に基づくものにすることを後押しし，野心的な環境目標の設定を要求してきた．この結果，EUとして設定された基準を下回ることは許されないが，上回ることは許される「下限設定型の調和」が図られてきた．そして中東欧諸国の加盟申請に対して，EUは，原加盟国間の交渉で設定された高い水準の環境基準・規制を国内法に適用すること，及びその効果的な執行に必要な行政機構を整備することを要件として課した．また途上国に対しても，援助と研修を通じて，エコラベルや再生可能エネルギーの固定価格買取制度等の「革新的」環境政策の採用を普及させてきた(森, 2009)．さらに気候変動枠組み条約の交渉プロセスでも野心的な削減目標を提案し，附属書I国に拘束力のある排出削減目標を明記した京都議定書の合意と発効を勝ち取った．また，RoHS指令やREACH規則を発効して域内外の企業に指令の遵守を義務づけるなど，域内の環境規制にグローバルな影響力を持たせようとしてきた．

　第4は，グローバル市民社会とも呼ぶべき，非政府組織のグローバルなネットワークである．このネットワークは，南北間のより公平な関係の確立，グローバルな環境保全，フェア・トレード，国際的な労働問題，人権・女性問題など，グローバル化の代替策の実現を求めてきた．そして世界銀行やアジア開発銀行などの多国間開発銀行や先進国の国際援助機関に働きかけて，環境・社会セーフガード政策の制定や，独立査閲パネル，オンブズマン制度，環境審査役の設置を促し，支援プログラムや事業において環境や社会・ジェンダーへの影響を十分に考慮して組み込むことを制度化させた．

　ところが，こうした国際的協調に向けた努力も，グローバル化の進展に伴う環境や社会への悪影響を効果的に抑止するには十分ではなかった．まず，グローバル市民社会の影響力に翳りが見え始めた．グローバル市民社会の影響力が高まるにつれ，国連においても，NGOの政策決定プロセスへのオブザーバー参加や情報へのアクセスが制限されるようになった．また，途上国NGOの先進国NGOへの依存が高まり，両者の間のパワーと発言力の不均衡が拡大したことで，その意見の代弁性や民主的なガバナンスが疑問視されるようになった

(Magis, 2009).そして世界銀行が良いガバナンス,市民参加,環境持続性を政策や融資に取り入れ,多くの専門家やNGOを世界銀行の研修プログラムに参加させ,活動に巻き込むようになったことで,NGOは次第に国際開発機関を表立って批判することが困難になった(Goldman, 2005).

　国連環境会議の影響力も決して大きなものではなかった.UNCEDで全ての国が作成することに合意したアジェンダ21は,1997年に国連総会で改めて2002年を期限として提出することが決議されたことで,多くの国が作成した.しかし必ずしも多様な利害関係者が作成プロセスに関与したわけではなく,関与してもその意見を練り上げた上で作成されたわけでもなかった.また内容も環境保全に特化して,開発の諸側面と統合したものではなく,環境担当以外の省庁が当事者意識(ownership)を持つものとはならなかった.持続可能な発展に関する世界首脳会議(WSSD)では,国連ミレニアム開発目標(MDGs)の1つに設定された水アクセスの改善が議論の焦点となったが,そのアプローチは,激しい論争が行われてきた水供給・処理への民間企業の参入を促すものであった.

　さらにEUの野心的な環境目標の提唱と下限設定型の調和がグローバルな影響力を持ったのは,環境でアイデンティティを構成しようとする価値規範志向と,環境をツールに競争力を高めようとする経済戦略志向を同時に追求(臼井,2012, 157頁)できる範囲に限定されていた.EUの下限設定型の調和は,EUとは異なるニーズや選好を持つ他国にとっては利益になるとは限らない.このため,EUが削減目標を高く設定したにもかかわらず京都議定書から米国は離脱し,中国やインドを含めた主要排出国の全てが削減義務を負う国際枠組みも円滑には構築されなかった.WTOの上級委員会は,EUの主張する予防原則の国際法上の地位を認めず,EUが予防原則を根拠に行った成長ホルモン剤を投与された牛肉の輸入禁止措置を違法と認定した.他方で水アクセスに関しては,政策形成への市民参加と同時に,EU域内企業にビジネス機会をもたらす水資源の経済財(商品)化を,積極的に推進してきた(Partzsch, 2008).

　このことは,政府は大きな経済的損失を生じさせない範囲でしか,グローバル化に伴う環境への悪影響を防止するのに十分な政策改革や制度構築を行う誘因を持たないことを示唆する.そこで,環境や気候変動を経済的機会と捉え,環境保全や気候変動防止を産業政策として推進することを提唱するグリーン成

長やグリーン経済，低炭素発展等の言説がグローバルに普及し，国連持続可能な発展会議(リオ＋20)でも議論の俎上にのぼった．ところがグリーン成長は，社会的側面をほとんど視野に入れていないと批判され，グローバルに合意されたアジェンダとして採択されなかった．そこで社会的側面をより重視するグリーン経済の概念を参照して，持続可能な発展目標(SDG)を設定する議論が展開された(Mori, 2015)．

## 実現すべき持続可能な発展の内容

ところで，実現すべき持続可能な発展の定義と内容については，現在でも論争が続いている．最も有力なのは，ブルントラント委員会報告書 *Our Common Future*(WCED, 1987)で提唱された「将来世代のニーズを損なうことなく，現在世代のニーズを満たす経済発展の様式」である．経済成長の中で環境を考慮する「弱い持続可能性」を支持する人々は，これを人間の福祉水準の持続的な向上と理解し，現在の資本ストック水準，即ち，物的資本・人的資本・自然資本の合計の維持・増加を持続可能性と定義する「資本アプローチ」を採用してきた．ところが，福祉水準は資本ストックだけでなく，制度がどれだけこれらの資本を効果的に利用するかによっても変わりうる．また貧困の克服や格差の是正を目指す立場からは，貧しい国が現在の貧しい福祉水準を将来世代に引き継いでも，持続可能とは言えないと批判してきた(Anand and Sen, 2000)．さらに，環境容量や資源の再生力の範囲内での経済成長を提唱する立場の人々は，自然資本の不可逆性や固有の価値を強調し，自然資本水準そのものの維持を持続可能性と理解する．第1章は，こうした多様な立場から経済学的なアプローチに基づく持続可能な発展論の理論的定式化と実践の動向を中心に整理し，今後の方向性を展望している．

では，現在の世界は，持続可能な発展の方向に向かって動いているのであろうか．この問いに答えるには，進捗を測る指標を確立した上で定点観測することが不可欠である．これまで一国の経済的福祉を測る指標としては，GDPが用いられてきた．しかしGDPは作成された時点から，人間福祉の一部しか捉えられていないとの限界が指摘されていた．そこで環境ないし自然資本を含め

た代替指標として，グリーンGDPや資本ストック総量，包括的富（inclusive wealth）（UNU-IHDP and UNEP, 2012），人間開発指数等が開発され，計測されるようになった．さらに，社会関係資本（social capital）を構成要素とする主観的幸福の指標化も進んでいる．第2章では，こうした持続可能な発展指標をめぐる議論の到達点と課題を示した上で，経済政策への示唆を与えている．

　このように，持続可能な発展の概念や指標は，世代間衡平や社会関係資本といった社会的持続性の構成要素を含む形で拡張されてきた．ところが，これらの議論においても，必ずしもこれまで開発プロセスから排除され一方的に負の影響を受けることが多かった女性やジェンダーの視点を可視化し，十分に包摂してきたわけではなかった．第5章では，環境問題をジェンダー及びフェミニズムの視点から捉えることの社会的・政治的意味，及び女性・ジェンダーの主流化の現状と課題について事例を踏まえて概説した上で，持続可能で公正な社会の構築への可能性について論じている．

## グローバル化の下での持続可能な発展

　「アナーキーな国際社会」の構造の下で，持続可能な発展に向けた取り組みを進展させるためには，さしあたり，国家が政策改革や制度構築を実施することが重要となる．ところが，先に述べたように，グローバル化は，国家の取りうる政策改革や制度構築の余地を狭めてきた．さらに貧しい国では，人々は，金融機関の未発達のために，時間軸上で消費を平準化することができず，保険制度の未発達のために，リスク軽減措置として，子供や，共有ないし共同管理の地域資源基盤への依存を高めている（Dasgupta, 2007）．このことが，厳しい自然条件や人口圧力，国際開発機関の介入などと相俟って，貧困と環境破壊の悪循環の経済的要因ともなっている．そこで，貧しい国が貧困と環境破壊の悪循環に陥る要因を，国内外の経済メカニズムと制度を含めて包括的に明らかにし，それを踏まえた上で克服する手段を考案することが重要となる．

　第3章は，国際貿易と外国直接投資の自由化，及び「戦略的環境政策」が環境に及ぼす影響を概観した上で，再生可能資源の管理制度がオープンアクセス状態にあるまま貿易自由化を行えば資源の過剰利用と環境破壊を招くこと，ま

た貿易が自由化された状態で環境政策を強化すれば，短期的には都市失業率の上昇というコストを発生させることを理論的に説明している．第4章では，貧困と環境破壊の悪循環が発生する経済メカニズムをタイプ別に定式化した上で，農村・都市でそれぞれ具体的にどのように現れてきたかを概説し，それを克服するための国内及びグローバルな対応を検討している．

　エコツーリズムは，環境の保全・改善を観光に結びつけることで，貧困と環境破壊の悪循環を克服するローカルレベルのプログラムと期待されてきた．ところが実際には，観光による経済的便益の大きさから，観光開発を過剰に行い，かえって環境を悪化させる事例も散見される．第6章では，エコツーリズムの背後にある理論や考え方を整理し，いくつかの事例を検討した上で，エコツーリズムが環境保全と経済発展を両立させる条件を明らかにしている．

## 環境保全に向けた国際的協調の新たな展開

　既に述べたように，経済のグローバル化の悪影響に対応するために，多国間・地域間・二国間の環境条約や協定が締結されてきているものの，速度は遅く，規模は小さく，効果も十分ではない．第7章では，この原因が国際社会の構造にあるのか，問題の性格にあるのかを探求する．その上で，グローバル・ガバナンスの失敗を補うものとして，環境NGOが関係企業を巻き込みながら構築されてきたプライベート・レジームの有効性を検討し，今後のグローバル・ガバナンスの発展の鍵を提示する．

　東アジアも他地域と同様，地球環境問題と国内環境問題だけでなく，越境地域環境問題にも直面している．そこで，国際環境援助や地域環境イニシアティブなど，多国間・地域間・二国間の環境協力が行われてきた．第8章では，こうした環境協力も，開発主義を国是に掲げる東アジアの国々に対してはあまり効果を発揮しなかったことを述べた上で，中国やタイなどの新興国が構築を始めている新たな国際レジームが環境に及ぼす影響を考察している．

## 本書の範囲と課題

　国家の政策選択の余地を拡大する他の方法として，保護主義になることを回避しつつ，さらなるグローバル化の進展に制約を課すことも考えられる．具体的には，WTO のセーフガードを国内の労働・安全・環境基準や開発のための優先事項を取り扱えるように拡大し，民主的手続きに則って政策が決定される限りにおいて，各国が一時的にセーフガードを発動できるようにすることや，規制が厳しくない外国との競争が国内の規制基準を害することを防止する意図と効果がある限り，政府が国境を越えた金融取引を制限する権利を持つこと等が挙げられる (Rodrik, 2011)．この金融取引制限の中には，グローバル・タックスの文脈で議論されている金融取引税や通貨取引税の導入も含まれる[3]．

　本書では，これらの国際貿易体制や国際金融体制の改革の議論は，明示的には扱っていない．しかし超国家機関ないし世界政府に権限を委ねつつ，市民社会や企業などのアクターがそれに貢献をするという，グローバル・ガバナンスの代替的なモデルの実現を期待することは，現状では容易ではない．世界の人々はグローバル・コミュニティのメンバーとしてのアイデンティティを共有しているわけではなく，世界の人々に説明責任を明白に果たす，透明性の高い超国家機関も存在しないためである．この状況では，持続可能な発展の実現を優先する立場から国際貿易体制や国際金融体制の改革や，グローバル化の賢い管理手段を検討することは，意義深いものと思われる．今後の展開が待たれる．

注
1) これは，Steger (2009) が「グローバリティ」と定義した社会状態である．
2) 本巻では，sustainable development の訳語として，「持続可能な発展」「持続可能な開発」の両方を用いている．
3) トービン税及びその範囲を拡張したグローバル・タックスに関しては，諸富 (2013) を参照されたい．なお，金融取引税に関しては，既に EU 加盟 28 か国のうち 11 か国が先行して 2016 年 1 月までに導入することに合意している．

## 文献

臼井陽一郎(2012)「EU の環境政策と規制力」遠藤乾・鈴木一人編『EU の規制力』日本経済評論社, 145-160 頁.
藤田泰昌(2014)「グローバル経済化──3 つのトリレンマからのアプローチ」吉川元他編『グローバル・ガヴァナンス論』法律文化社, 14-27 頁.
森晶寿(2009)『環境援助論──持続可能な発展目標実現の論理・戦略・評価』有斐閣.
諸富徹(2013)『私たちはなぜ税金を納めるのか──租税の経済思想史』新潮選書.

Anand, S. and A. Sen (2000), "Human development and economic sustainability," *World Development*, Vol. 28, pp. 2029-2049.
Dasgupta, P. (2007), *Economics: A Very Short Introduction*, Oxford; New York: Oxford University Press (植田和弘・山口臨太郎・中村裕子訳『経済学』岩波書店, 2008 年).
Goldman, M. (2005), *Imperial Nature: The World Bank and Struggles of Social Justice in the Age of Globalization*, New Haven: Yale University Press (山口富子監訳『緑の帝国──世界銀行とグリーン・ネオリベラリズム』京都大学学術出版会, 2008 年).
Magis, K. (2009), "Global civil society: Architect and agent of international democracy and sustainability," in J. Dillard, V. Dujon, and M. C. King (eds.), *Understanding the Social Dimension of Sustainability*, New York: Routledge, pp. 97-121.
Mori, A. (2015), "Green growth and low carbon development in East Asia: Achievements and Challenges," in F. Yoshida and A. Mori (eds.), *Green Growth and Low Carbon Development in East Asia*, New York: Routledge, pp. 196-213.
Rodrik, D. (2011), *The Globalization Paradox, Democracy and the Future of the World Economy*, New York: W. W. Norton (柴山桂太・大川良文訳『グローバリゼーション・パラドクス──世界経済の未来を決める三つの道』白水社, 2014 年).
Partzsch, L. (2008), "EU Water Initiative-A (non-) innovative form of development cooperation," in W. Scheumann, S. Neubert, and M. Kipping (eds.), *Water Politics and Development Cooperation: Local Power Plays and Global Governance*, Berlin: Springer-Verlag, pp. 379-400.
Steger, M. B. (2009), *Globalization: A Very Short Introduction*, 2nd ed., Oxford: Oxford University Press (櫻井公人他訳『新版 グローバリゼーション』岩波書店, 2010 年).
UNU-IHDP and UNEP (2012), *Inclusive Wealth Report 2012: Measuring Progress toward Sustainability*, Cambridge (UK): Cambridge University Press (植田和弘・山口臨太郎訳『国連大学 包括的「富」報告書──自然資本・人工資本・人的資本の国際比較』明石書店, 2014 年).
WCED (World Commission on Environment and Development) (1987), *Our Common Future*, Oxford; New York: Oxford University Press (大来佐武郎監修／環境庁国際環境問題研究会訳『地球の未来を守るために』福武書店, 1987年).
Zarsky, L. (2002), "Stuck in the mud? Nation states, globalization and the environment," K. P. Gallagher and J. Werksman (eds.), *The Earthscan Reader on International Trade and Sustainable Development*, London: Earthscan, pp. 19-44.

# 第 1 章　持続可能な発展論

植 田 和 弘

## はじめに

　持続可能な発展(sustainable development)という考え方は，後述するブルントラント委員会の報告書によって提起され，世界的に注目を浴びた．報告書が1987年に公表されて以降，今日まで四半世紀以上にわたって，その考え方が制度的に位置づけられ実践的試みがなされるとともに，理論的にも活発な議論が積み重ねられてきた．持続可能な発展というアイディアには，多くの人々を惹きつけてやまない魅力があり，追求すべき価値を持った概念だからである．

　本章では，持続可能な発展の定義や解釈を紹介しつつ，そこに多様性が生ずる原因についてまず検討する．そうすることで持続可能な発展論の理論的基盤が明確になると思われるからである．次いで，ブルントラント委員会の報告書が公表されて以降展開された経済学的なアプローチに基づく持続可能な発展論の動向を中心に整理する．

　経済学においても持続可能な発展論は論争的である．また，環境と経済，環境・経済・社会の関わりの理解の仕方も多様である．その点で持続可能な発展論への経済学的アプローチも，環境や社会との関わりを取り込んだ理論的検討にならざるを得ず，学際的なアプローチになる(Enders and Remig, 2015)．

　本章のもう1つの着眼点は，持続可能な発展という考え方に関して，理論的整合性や理論のための理論ということだけにとどまらず，公共政策，企業経営や社会運動に実際に活用される理論になっているのか，あるいはそうなるために理論的・政策的に必要なことは何か，ということである．

## 1.1　持続可能な発展の定義・解釈はなぜ多様になるのか

　J. ブレヴィッツによれば，持続可能な発展という概念は，「民主主義」や「正義」といった概念と類似したもので，やや厳しく言えば混乱が起こりやすくぼんやりとした概念になりやすい．それゆえ，その内容に疑義を提示したり受け入れないでいることも容易ではあるが，誰も投げ捨ててしまうことはできない概念である(Blewitt, 2015)．また，E. ニューメイヤーは，持続可能な発展は，「自由」あるいは「平和」とよく似て，理性的な人なら誰でも明白に否定することはしない，と指摘している(Neumayer, 2013)．

　持続可能な発展の概念が世界に広がる契機をつくり，現在でも最も頻繁に引用される定義は，国連の環境と開発に関する世界委員会，通称ブルントラント委員会から生まれた．その報告書 *Our Common Future* では，持続可能な発展とは「将来世代がそのニーズを充たす能力を損なうことなく，現在世代のニーズを充たす発展」(World Commission on Environment and Development, 1987)と定義されている．

　しかし，持続可能な発展は，上記の定義以外にもきわめて多くの定義や解釈がある．D. ピアースら(Pearce *et al*., 1989)は，報告書が公表されてから2年ほどの間に提示された持続可能な発展の定義や解釈は100以上に上るとし，その内容を分類・整理している．経済学的な立場からのものに限定したとしても少なくない定義や解釈が列挙される(Pezzey, 1992)．また，持続可能な発展はそもそも多義的で，自然条件を重視した定義，世代間の衡平性からの定義，南北間の衡平性や社会・人権・文化的価値から定義するもの等，多様な視点から定義がなされていた(森田・川島, 1993)．

　持続可能な発展の定義や解釈が多様化する背景の1つは，ブルントラント委員会の定義に満足できない人々が，持続可能な発展という同じターミノロジーを用いて，新たな内容を盛り込んでいったからである．その理論的な背景に注目すれば，持続可能性は理論的にも伝統的な方法論とは異なる新たなパラダイム——例えば持続可能性パラダイム(sustainability paradigm)と呼ばれる——に基づくべきであると主張されている(Bermejo, 2014)．少なくとも言えることは，

仮に持続可能な発展の定義がブルントラント委員会のそれに基づくとしても，「人間のニーズとして何をカウントするのか，何が維持されるべきなのか，どの程度の長さなのか，誰のためのものか，どのような条件か，に関して見解は異なって」(Dryzek, 2005)おり，解釈は多様化するのである．

また，持続可能な発展という用語が広く使われるようになればなるほど，同床異夢というべきか，同じ持続可能な発展という用語を用いるけれども，各利害関係者がその用語の意味を自分たちに都合の良いように解釈しようとする，ないしは都合の良い内容をその用語の定義・解釈に組み入れようとするということも起こる．J. S. ドライゼクによれば(同訳，187頁)，環境主義者は，自然の内在的価値(intrinsic value)への配慮を組み込もうとするし，ビジネスの立場からは，持続可能な発展は経済成長の持続を必要とすると都合よく解釈し，実質的に発展を経済成長と同一視することになった(Schmidheiny, 1992)．

そもそもブルントラント委員会は経済学者の集まりではなく，持続可能な発展が唱われた報告書にも，一学問分野を超えた，世界の経済社会に関わるあらゆる要素を取り込んだトランスディシプリナリーな立場からの分析や意見表明が盛り込まれている．持続可能な発展の定義や解釈はどの学問分野の立場から行うかによっても異ならざるを得ない．持続可能な発展の意味づけや体系的な説明は，報告書において多様なキーワードは示されているものの，極端に言えば各人各様の持続可能な発展論が可能なのである．

要するに，持続可能な発展には多様な定義や解釈が可能なのである．そのことは持続可能な発展の経済学的定式化においても，よく言えば多様性，悪くすると混乱を持ち込むことになる．

持続可能な発展という考え方は，結局のところ，持続可能性(sustainability)と発展(development)という一見すると矛盾する2つの概念の合成物であるとみることができる．国連の委員会(ブルントラント委員会)という政治的な対立が持ち込まれやすい場から発信されたこともあって，持続可能な発展は(いわゆる南北間の)政治的な妥協から生まれた概念であるという指摘もなされてきた．

持続可能な発展は，新たな発展パターンを目指すものだが，持続可能性と発展の合成のさせ方，あるいは持続可能性と発展のどちらに軸足を置くかによって，目指す発展パターンの内容は異なるであろう．地球環境や地球資源の限界

を経済社会に対する絶対的な要請とみなすならば，エコロジカルな持続可能性が強調され，環境容量や資源の再生力の範囲内での発展パターンが探求されなくてはならない．これに対して，貧困の克服や格差の是正を目指す代替的な発展パターンを追求する立場からは，同じ持続可能性といっても経済的・社会的持続可能性が重視されるであろう．

　持続可能な発展論には，これらの立場，言わば2つの源流(植田，2003)が存在するが，それらを統合する発展観を提示することが期待された．しかし，提案された個々の代替的発展モデルは，それぞれの構成要素と固有の解釈規則を持つものであり，唯一の(持続可能な)発展モデルに収斂するというわけにはいかない．また，国際機関などにおいては，持続可能な発展は，環境，経済，社会という3つの側面から構成される概念として説明されることが多く(Barbier, 1987)，経済学の内部のみで閉じるコンセプトではない面を持っている．

## 1.2　持続可能な発展論の実践的展開

　持続可能な発展というターミノロジーは，国際自然保護連合の世界保全戦略(International Union for the Conservation of Nature, 1980)に由来するが，ブルントラント委員会の報告書に用いられて以来，世界大に広がり大きな影響力を持つことになった．持続可能な発展論の始まりは通説的にはこのように説明される．しかし，持続可能な発展という考え方は，理論的にも実践的にも多様な源があるという見解も少なくない．確かに，持続可能な発展の考え方は世界の多くの文化に現れているし，持続可能な発展の概念化のルーツを発掘する試みも行われている(Grover, 2012; Adams, 1990)．こうした持続可能な発展論の源泉を探る試みは，持続可能な発展に対する現代的問題意識に基づくことが多く，論者によって取り上げる内容も異なる．

　ブルントラント委員会の提起した持続可能な発展が，画期的なのは，それが単なる概念の提唱に終わらず，国際政治上の課題としてその具体化が取り上げられていったことである．1992年にリオデジャネイロで開催された「環境と開発に関する国連会議」，いわゆるリオ・サミットにおいては，まさに持続可能な発展がキーワードになった．そして，ブルントラント委員会の詳細なフォ

ローアップといってもよいアジェンダ21が策定されている．それを受けて国連は，アジェンダ21を実施するために，持続可能な開発委員会を設置した．さらに，2002年にはヨハネスブルクで，世界史上最大の国際会議「持続可能な開発に関する世界サミット」が開催された．2012年に開催された通称リオ＋20を踏まえて，国際開発の分野では従来取り組まれてきたMDGs(Millennium Development Goals)が終了した後，新たな開発目標としてSDGs(Sustainable Development Goals)が位置づけられることになっている．

持続可能な発展に関する理論的・実証的研究がすすむとともに，より実践的な取り組みが広がっていった．取り組みに現れた特徴の1つは，持続可能な発展の考え方が個別分野において具体化されていったことである．この現象は，持続可能な発展の各論化傾向と呼ぶことができる(清水・植田，2006)．持続可能なエネルギー(植田，2013)，持続可能な交通(兒山，2014)，持続可能な都市(Rydin, 2014; 福川他，2005)，持続可能な農業・農村(Tisdell, 2014; 農村計画学会，2010)，持続可能な地域(諸富，2010)，……持続可能な発展の考え方を取り入れ具体化しようとした個別分野は挙げだしたら切りがない．

これら個別分野の各論において持続可能性ないし持続可能な発展の考え方がどのように具体化されているかを検証していく必要がある．ただ，個別分野の持続可能性は，持続可能な発展の必要条件ではあるが，十分条件ではない．持続可能な発展の考え方は，個別分野の各論を足し合わせることで明らかになるものではない．むしろ持続可能な発展論は，発展のあり方やパターンを指し示す最も総合的な概念であり，これら個別分野の各論との整合的な関係ということに加えて，各個別分野を貫く総合性が求められる．

総合性を持つという点で注目すべきもう1つの傾向は，持続可能な発展の考え方が法や条約に理念として組み入れられつつあることである．

持続可能な発展という問題提起は，発展パターンを持続可能なものに変えていく制度改革や政策的実践を期待していると考えられるが，持続可能な発展の考え方を実践的理念にしていく手がかりの1つは，それを社会的規範にしていくことであろう．現実の国際社会や地域社会において，条約や宣言の形で，またまちづくりの取り組みの中で徐々に具体的な規範や枠組みになりつつある．

すでに述べたように，持続可能な発展の考え方は1992年の「環境と発展に

関するリオ宣言」,「アジェンダ 21」,「気候変動に関する国際連合枠組み条約」(気候変動枠組み条約)に盛り込まれたことをはじめとして，数多くの条約や宣言に採用されている．個々の条約や宣言によって微妙な違いはあるものの，持続可能な発展の考え方が条約や宣言に盛り込まれる場合には，ほぼ共通して，次の 3 つの内容を持っている(大塚，2010，48-49 頁).

第 1 は，自然や環境の利用は持続可能なものでなければならず，その利用は生態系の保全など自然の持つ環境容量の範囲内でなければならないとするものである．あらゆる意思決定過程において環境や資源への配慮(ecological prudence)が正当に位置づけられ，この基準に基づいて経済的要素と統合されなければならない．このためにはこれまでの経済活動において環境や資源への配慮がなされていなかった原因が明らかにされ，個々の経済主体の意思決定において持続可能な利用を基準にした環境配慮がなされるように開発のプロセスや評価基準が見直されなければならない．

第 2 は，世代間の衡平である．リオ宣言の第 3 原則は，「発展の権利は，現在及び将来の世代の発展及び環境上の必要性を公平に充たすことができるように行使されなければならない」と述べている．現在世代の発展権を行使することは，現在だけではなく将来の世代の環境や発展の可能性に大きな影響を及ぼすことになるので，その行使にあたっては世代間衡平が満たされなければならないというのである．例えば，地球温暖化問題においては現時点で排出される温室効果ガスの影響は数十年先，ことによれば 100 年以上先に大規模に現れるかも知れず，まさに世代間衡平の問題が鋭く問われることになる．

第 3 は，社会的衡平とりわけ南北間衡平と貧困の撲滅を達成する公正な国際社会の問題である．リオ宣言第 5 原則は，「すべての国及びすべての国民は，生活水準の格差を減少し，世界の大部分の人々の必要性をより良く充たすため，持続可能な発展に必要不可欠なものとして，貧困の撲滅という重要な課題において協力しなければならない」と述べている．このことは貧困の撲滅を図り南北間の衡平を実現する方法の問題を抜きには議論できない．市場経済制度を徹底し資源配分の効率化を図れば，こぼれ効果(trickle down effect)によって貧困が克服できるとされるが，現実には南北間の格差が拡大している．地球環境問題や絶対的貧困をはじめとするグローバルな課題に対しては今後国際機関の役

割が増大していくと思われるが，再分配的要素を持つ資金の流れをいかに作り出していくかが重要な課題となろう．この議論の際には，現行の政府開発援助（ODA）や MDGs の効果に対する評価も避けて通れない．

　これら 3 つの要素が持続可能な発展の考え方に含まれることは異論のないところであろうが，これらの要素は相互に拮抗する側面がある．持続可能な発展の概念は本来これら 3 つの要素を統合することを企図した概念であるが，統合の仕方は明確になっていない．

　そもそも持続可能な発展を保証するには上記の三要素だけでは不十分であろう．特に経済学の立場からは社会的効率の問題を付け加えなければならない．近視眼的な私的効率の追求は自然と社会の持続可能性を低下させてきた．今後は環境や資源への配慮を組み込むとともに，長い眼でみた社会的効率の概念が政策目標として具体化される必要があろう．経済社会がつくりだすアウトプットは，市場経済次元のものだけに限定せず非貨幣的要素を重視しなければならない．その評価についても「生活の質」への貢献，さらには人の持つ潜在能力がどれだけ引き出されたか，という次元からもなされるべきである(Sen, 1985)．

　持続可能な発展の経済学的再定式化とは結局，モデルに組み入れる要素を選定し，組み入れた諸要素の関係を経済学的なモデルとして明確にすることであり，いくつか重要な試みがなされている．

## 1.3 持続可能な発展の経済学的定式化

### 1.3.1 強い持続可能性と弱い持続可能性

　ブルントラント委員会から持続可能な発展という考え方が提示された時，それを経済学者がかつて取り組んだ問題の延長線上に位置づけ，そこでの議論や解決策を参考にしようとする動きが出るのは，ある意味自然なことである．この立場からは，ローマクラブによる『成長の限界』(Meadows et al., 1972)と題するレポートとそれに対する経済学者のレスポンスは出発点になるものであった(Pezzey and Toman, 2002)．

　1972 年に公表されたローマクラブ・レポートは，現状の経済成長パターンは環境汚染の激化や資源枯渇を招き，成長の基盤が崩壊し「成長の限界」に直

面せざるを得なくなると警鐘を鳴らしたものであった．レポート公表直後に石油危機が生じたこともあって，経済成長を危うくする資源・環境制約を明示したものと受け止められた．そして，オーソドックスな経済学の立場からは，技術進歩や市場を活用することでそうした制約は克服可能であるとする研究がすすめられた．例えば，J.ハートウィックは，枯渇性資源所有者の利潤をすべて資本投資に振り向け，人工資本を蓄積し生産能力を補うことができれば，各世代の消費が等しいという意味での世代間衡平性が実現できることを証明した(Hartwick, 1977, 1978)．これはハートウィック・ルールと呼ばれ，後に持続可能な発展のモデル化を考える際の1つの指針になった．

　R.ソロー(Solow, 1986)によれば，ハートウィック・ルールは，自然資本(枯渇性資源および再生可能資源)と人工資本をシャドー価格(後述)で評価した総資本ストックを維持することとして解釈することができる．つまり，枯渇性資源あるいは再生可能資源から得られるレントを人工資本に再投資し，総資本を減らさないことによって，1人当たり消費量を一定とする最適成長経路をとることが可能となる．これが弱い持続可能性の考え方の理論的基礎であり，ソロー=ハートウィック持続可能性と呼ばれる．

　この定義の特徴は，類似の定義も含めて概括して言えば，消費，効用，生活水準そのものの維持というよりも，その世代間衡平性を実現するのに必要な能力を維持することを，持続可能性ないしは持続可能な発展の条件としていることである．そして，その能力を形づくるストックが資本と呼ばれ，資本が維持されることが持続可能性だということになる．持続可能な発展に対して必ず発せられる「何が持続可能でなければならないか」という問いに対する回答は，理論的にもさまざまである(Martinet, 2012)．しかし，上記の定義を採用すると，人間社会にとっての能力としての資本を持続可能，すなわち将来世代に対して最低限現在世代と同じだけの資本を承継させるということになろう．

　ソロー=ハートウィック持続可能性は，規範理論としてはわかりやすいが，モデルが想定している資本間の代替可能性(substitutability)に対して強い批判が出されている．持続可能性の条件となる維持されるべき資本の構成自体が検討課題となるが，少なくとも自然資本と人工資本は含まれるであろう．ハートウィック・ルールが示唆することは，例えば枯渇性資源を利用することで自然資

本が減耗したとしても，枯渇性資源の利用から得られたレントによって，減耗した自然資本分を補うだけの人工資本を蓄積することができれば，持続可能性を確保する資本水準を維持できるというものである．この議論には，自然資本と人工資本とは代替可能であるという想定が置かれている．

これに対して，H. デイリーは持続可能性三原則を提示して，人工資本に代替することのできない自然資本の絶対性を強調する(Daly, 1990)．デイリーが提唱する持続可能性の三原則は，直接的には人間活動と自然との関係を問題にしている．①人間活動からの廃物は環境容量の範囲内しか排出できない，②再生可能資源は再生可能な範囲内で利用する，③再生不能資源は利用すると必ずそのストックは減少するので，減少した分の機能を再生可能な資源で補うことができる範囲で利用する，という三原則である．デイリーは，定常経済を提唱し(Daly, 1977)，経済の規模が自然資本の容量的な限界を超えて肥大化することに対して警鐘を鳴らしている．

デイリーの観点は，自然資本の持つ環境容量をはじめとするエコロジカルな限界や法則に経済を適合させることが持続可能性には不可欠だということである．その立場は，自然資本が減耗したことによって劣化した資本の機能を人工資本の蓄積によって代替することができるとするソロー=ハートウィック持続可能性の想定とはまったく相容れない．デイリーのような自然資本の絶対性を強調し，自然資本と人工資本との間の代替性を認めない立場を，強い持続可能性(strong sustainability)と呼ぶのに対して，人工資本と自然資本の代替性を前提にする立場は弱い持続可能性(weak sustainability)と呼ばれる．この強い持続可能性と弱い持続可能性は，持続可能な発展に関する相対立する2つのパラダイムと考えられている(Neumayer, 2013; 大沼，2009)．

しかし，自然資本と人工資本との間の代替性は，抽象的な理論モデルとしてはともかく，現実には代替性が有るか無いかという二者択一ではない．おそらく人工資本との代替が可能な自然資本もあるけれども，それが難しい，ないしは生命維持装置として維持されるべき自然資本の規模と構成があるというべきであろう．我々は自然「資本」についてもっとよく知る必要があるし，自然資本が一種のシステムであることにも留意しなければならない．持続可能性を確保するために決定的な意味を持つ本質的自然資本(critical natural capital)という

議論(筧橋・植田, 2011)は，この問題と関係している．

　自然資本に関する知識が不十分で不確実な情報のもとでは，自然を改変する開発行為について慎重でなければならない．一方で自然資本についてよりよく知るための努力を続けながらも，自然についてまだ知らないことが多いことを自覚しつつ，開発に関するどのような意思決定を行うべきか，という難問に直面する．自然破壊の不可逆性を勘案した予防原則(precautionary principle)の考え方(O'Riordan and Jordan, 1995)や自然を保全するという行為の機会費用に着目した安全ミニマム基準(safe minimum standards)(Ciriacy-Wantrup, 1952)という意思決定原則が提案され，具体化が図られつつある．

### 1.3.2　ダスグプタ・モデル

　デイリーの提唱する持続可能性三原則に異論を挟むことは難しい．一種の自然科学的法則を社会が満たすべき条件として要請しているからである．その意味で経済社会はこの三原則を尊重すべきであるが，デイリーは，そうした三原則を満たす経済や社会のあり方については，それほど多くを語っていない．我々の経済社会が持続可能な発展を実現するために何をしていけば良いのか，そのことに示唆を与えてくれる議論として，ここではP.ダスグプタのモデルを紹介しておこう(Dasgupta, 2001/2004)．

　人口や自然資源の経済学を探求してきたダスグプタは，オーソドックスな経済学の立場から出発し，その方法を拡張しつつ持続可能な発展論の構築をめざしている．ダスグプタによれば，持続可能な発展とは，1人当たりwell-being(経済学では福祉と訳すが，もともとはアリストテレスのgood lifeに通じるよき生を意味する，生活の質(quality of life)と同義)が経時的にみて低下しないことである．

　ダスグプタは，well-beingをその構成要素と決定要因という2つの側面に一度分けて考える．Well-beingの構成要素とは，幸福，自由，健康といったwell-beingの内容そのもので，ある経済社会に暮らす人びとがgood lifeを享受できているかを問うものである．これに対してwell-beingの決定要因とは，そうしたwell-beingを担う財・サービスをつくりだす生産的基盤のことである．生産の基盤を適切に活用することで，well-beingを実現するのに必要となる財・サービスをつくりだすのである．その生産的基盤が持続する，あるいは

持続的に充実していくことは，well-being が持続するために不可欠の前提だということができる．

つまり，ダスグプタの持続可能な発展論に基づけば，持続可能な発展とは1人当たり well-being の(低下しないことを含む)持続的向上のことであり，ある経済社会においてそれが実現しているか否かは，well-being の決定要因であるその経済社会の生産的基盤が持続するか否かによって判定することができる．もちろん，well-being の構成要素そのものが持続しているか否かを問うこともできるし，むしろそのほうが well-being の変化を直接的に扱うことができて望ましい．ただ，幸福か，健康か，自由か，といった well-being の構成要素の内容は経済学の範疇だけで扱いきれるものではなく，人々の暮らしぶりに対する評価に依存する主観的な側面を大きく含むものとなる．

近年活発に行われている幸福研究(例えば，Frey, 2008)は，well-being の構成要素としての幸福を対象にしていると見ることもできる．幸福研究では，人々は自分の暮らしぶりを幸福と感じているか，そしてその感じ方——一種の評価である——はどういう要因に基づいているかが分析されている．こうした研究は，well-being の評価に即してみれば，well-being を所得という貨幣的評価に還元するのではなく，well-being そのものを幸福という尺度——well-being の構成要素が持つ多元性と幸福との関係については検討の余地がある——を用いて主観的な評価——主観的福祉(subjective well-being)の評価といえる——を行い，その評価と客観的条件との関連を分析したものということができる．

より一般的には，well-being や幸福に関する研究は，福祉指標研究とも関連を持つものである．GDP はもともと福祉指標ではないけれども，GDP という経済指標と well-being との乖離が大きいと思われるようになり，真の福祉指標を志向して，well-being や幸福度の測定がさかんに試みられている．非貨幣的要素が重視され，個別の側面については信頼性のある新しい測度が開発されて，GDP を補完する暮らしの質を測る情報として位置づけられはじめている(Stiglitz et al., 2010)．マクロ的には経済成長至上主義とは異なる環境＝福祉＝経済の関係を構築する試みにつながるであろう(Jackson, 2009; 植田，2010a, b, c)．

ある経済社会の発展パターンが持続可能であるか否かを判定するためには，その経済社会が well-being の生産的基盤を後続する将来世代に残し得ている

か否かを判定する必要がある．しかし，景気を判断するのに用いられるGDPは，この面においてもまったく役に立たない．なぜなら，GDPは市場で取引されたフローベースの情報に基づいて作成されており，ストックベースつまり資本資産の蓄積と減耗が評価されていない．そのため，GDPが成長していてもある国の資本資産が減耗し，生産的基盤が劣化して持続可能でないということも起こりうる．UNDP（国連開発計画）が活用しているHDI（Human Development Index，人間開発指数）は，所得以外の要因も含めて本当の豊かさを表す指標としては有用で意義も大きいが，時間軸上の変化を扱うものではないので，持続可能な発展の指標として用いることはできない（Dasgupta, 2001/2004, 2007）．

　では，ある経済社会の生産的基盤とは何か．ダスグプタによれば，生産的基盤とは，資本資産と社会環境の組み合わせである（Dasgupta, 2015）．しかし，単に両者を組み合わせればよいのではなく，両者の間にいかなる関係があるのか，ないしはどういう関係が構築されるか，が重要である．

　まず資本資産としては，通常3つの資本資産，すなわち人工資本（manufactured capital），人的資本（human capital），自然資本（natural capital）が取り上げられる．人工資本は再生産可能な資本（reproducible capital）と呼ばれることがあるように，人為的につくりだすことが可能な資本であり，道路，建物，港湾，機械，設備などを挙げることができる．人的資本は定着した用語になっているが，人口の規模と構成，教育や暗黙知が体化されたスキル，健康などからなる．自然資本は，生態系，大気，土壌などきわめて多様でつながりを持った一連のシステムをなしているが，その生産に貢献するストックを資本とみなしたものである．

　人工資本，人的資本，自然資本はいずれもストックであるから，その時間軸上の変化をみてそれがマイナスでなければ持続可能という判定を下すことができる．しかし，ある経済社会の生産的基盤の持続可能性という場合には，ある1つの資本だけが減少しなければよいのではなく，まさに全体としての生産的基盤が持続しなければならない．したがって，人工資本，人的資本，自然資本をそれぞれ価値額に変換して，そのトータル——包括的富と呼ばれる——を評価する必要がある．国際機関ではそうした試みが行われており，その結果として包括的富報告書が公表されている（UNU-IHDP, 2012）．

包括的富を推計するにはまだ多くの技術的課題が残っているけれども，生産的基盤の変化を測定することで持続可能な発展を判定するという理論的枠組みは明確であり，いかなる資本に投資すべきかといった政策に利用可能な情報が得られる点で，包括的富報告書は貴重である．

包括的富報告書は，生産的基盤をまさに包括的に評価しているのであるが，そのために各資本の量と価格をかけ合わせている．ここでの難問は周知のように，各資本の正しい価格を見出すことである．市場価格が付いている場合でもその市場価格をそのまま用いてよいか，そして市場価格のないものについてはどう価格付けすればよいかという問題がある．いわゆる外部性の問題であり，財産権が付与されていない資源利用の問題である．

経済学では，市場価格には十分反映されていない資源の価値や，そもそも市場がない資源について評価した価値をシャドー価格(shadow price)と呼んできた．つまり，生産的基盤の変化を評価し，ある経済社会の包括的富を知るためには，各資本のシャドー価格を明らかにしなければならない．

このシャドー価格の評価問題に関連して注目すべきことは，ダスグプタ(Dasgupta, 2015)において，生産的基盤に先に述べた資本資産だけでなく，社会環境もあわせて位置づけられていることである．ここでの社会環境には，制度(所有権と法の構造，企業，政府，家計，慈善団体，ネットワーク)やソーシャル・キャピタル(社会規範，慣習，信頼)などが含まれている．

社会環境の持つ意義は次のように理解することができる．すなわち，物的には同じような自然資本があったとしても，その自然資本の利用や管理をめぐる社会環境が異なれば，その自然資本の価値は異なってくるということである．例えば，人々の間に信頼が醸成され自然の持続可能な利用様式が慣習として定着している社会とそうでない社会とでは，その自然資本のシャドー価格は異なるのである．つまり，資本資産は適切な社会環境がなければシャドー価格は低下し，包括的富としての価値は小さくなる．仮に物的には「豊かな」資本資産があったとしても，それを活かす社会環境がなければ持続可能な発展を実現することはできないのである．

このことは自然資本だけでなく，各資本のシャドー価格についても，同様の関係を見出すことができる．以上から，制度やソーシャル・キャピタルという

社会環境は，ある経済社会の生産的基盤の持続，ひいては持続可能な発展にとって独自の意義があることが明確になったと言える．

### 1.3.3　生産的基盤と社会的共通資本

ダスグプタ・モデルから政策的な含意，例えば将来に向けた投資のあり方を導出しようとすると，制度やソーシャル・キャピタルなどの社会環境と資本資産との間の関係をより深く検討する必要がある．その際に参考になるのが，宇沢弘文の社会的共通資本の概念である．宇沢は，「社会的共通資本は自然環境，社会的インフラストラクチャー，制度資本の三つの大きな範疇にわけて考えることができる．大気，森林，河川，水，土壌などの自然環境，道路，交通機関，上下水道，電力・ガスなどの社会的インフラストラクチャー，そして教育，医療，司法，金融制度などの制度資本が社会的共通資本の重要な構成要素である．都市や農村も，さまざまな社会的共通資本からつくられているということもできる」(宇沢，2000; Uzawa, 2005) としている．

ダスグプタの生産的基盤における資本資産が基本的に生産要素を拡充した内容であるのに対して，宇沢の社会的共通資本は，生産活動や消費活動の共通の基盤となるシステムやそれと関連付けられた施設を指している．もし，生産，流通，消費の過程で制約的になるような希少資源が，社会的共通資本と私的資本との２つに分類されるとすれば，ダスグプタの枠組みにおいては，両者がともに資本資産に組み入れられていると考えられる．そして，個々の経済主体によって私的な観点から管理，運営される私的資本と，社会全体にとって共通の資産として社会的に管理，運営される社会的共通資本の区別は，制度によってなされているということになろう．もちろん，資本資産と制度を完全に分けることは難しく，個々の資本資産はそれぞれある制度のもとでの資本資産であり，制度と切り離して資本資産を論ずることはできないというべきかもしれない．

したがって，宇沢の社会的共通資本の考え方をダスグプタの定式化に持ち込むことは，ダスグプタの枠組みにおける制度の内容，ならびに制度と資本資産の関係について深めることにつながるであろう．

社会的共通資本は，たとえ私有ないし私的管理が認められているような希少資源から構成されていたとしても，社会全体にとって共通の資産として，社会

的な基準にしたがって管理・運営される．社会的共通資本はこのように，純粋な意味における私的な資本ないしは希少資源と対置されるが，その具体的な構成は先験的あるいは論理的基準にしたがって決められるものではなく，あくまでも，それぞれの国ないし地域の自然的，歴史的，文化的，社会的，経済的，技術的諸要因に依存して，政治的なプロセスを経て決められるものである．

社会的共通資本は，そこから生み出されるサービスが市民の基本的権利の充足に際して，重要な役割を果たすものであって，社会にとってきわめて大切なものである．希少資源が社会的共通資本とされて，私有を認められないのは，そのような資源自体，ないしはそこから生み出されるサービスが，国民経済の主体的構成員である市民の基本的権利に関わるものであるときである．市民の基本的権利という概念は必ずしも単純・明快に定義できるものではない．異なる国民経済においてはもちろん異なる内容を持ち，また，同じ経済社会にとっても歴史的なプロセスによって異なるものとなる．社会的発展のプロセスは，ある意味では，市民の基本的権利の内容がゆたかになり，多様に具体化する過程として捉えることもできる．

ある特定の希少資源が私的資本としてではなく，社会的共通資本とみなされるのは主として，社会的・制度的な条件に依存する面が大きく，必ずしも経済的・技術的観点からだけによって決定されるものではない．したがって，どのような希少資源が私的資本とみなされ，利潤追求の動機に基づいて市場を通じて取り引きされるか，また，どのような希少資源について，社会的共通資本とみなされ，社会的な観点から管理が行われるか，という問題を検討する必要がある．そのためには，社会的共通資本と持続可能な発展の関係を，具体的な課題，例えば地球温暖化防止の課題に即して考察する必要がある．

## 1.4 ソーシャル・キャピタルと持続可能な発展

### 1.4.1 ソーシャル・キャピタル

ソーシャル・キャピタルが世界的に注目されるようになったのは，R.パットナムによる『哲学する民主主義』を契機にしている(Putnam, 1993)．同書においてソーシャル・キャピタル(social capital)とは，「調整された諸活動を活発

にすることによって社会の効率性を改善できる，信頼，規範，ネットワークといった社会組織の特徴」であると定義されている．

social capital はそのまま訳すと社会資本となり，パットナムの上記訳書でも社会資本と訳されているが，それだと道路や橋のことと混同されやすい．日本では社会関係資本という訳もよく用いられているが，社会関係が資本であるという理解の仕方にはやや違和感があり，以下では「ソーシャル・キャピタル」を用いる．K.アローは，資本とは将来の利益のために現時点で支払う犠牲なのであって，ソーシャル・キャピタルは経済学的な意味での資本の基準を満たしていないと指摘している(Arrow, 1999)．

アローの指摘を踏まえると，ソーシャル・キャピタルは，人工資本，人的資本，自然資本などと同列に並べて資本と呼ぶことはできない．すでに紹介したダスグプタの持続可能な発展論に基づくならば，ソーシャル・キャピタルはある経済社会の各資本のパフォーマンスに影響を及ぼす資産である．しかし，その影響の及ぼし方は，人工資本，人的資本，自然資本のようにある程度の法則性をもって各資本への投資が生産的基盤の充実につながるというような関係が見出せているわけではない．

むしろ，ソーシャル・キャピタルは実現させる資産(enabling assets)と呼ばれているように(UNU-IHDP, 2012)，人工資本，人的資本，自然資本がその価値を発揮できるような社会環境を構成している資産である．社会規範，慣習，信頼などの有り様によって，資本の活用の仕方は異なってくるであろうし，その結果，包括的富の持続，さらには持続可能な発展の実現が促されるであろう．したがって，持続可能な発展を実現するには，各種資本を持続するために投資することに加えて，ソーシャル・キャピタルなど社会環境を適切なものにデザインし維持・形成していくことが不可欠であろう(植田, 2015)．

### 1.4.2 持続可能な地域づくりとソーシャル・キャピタル

しかし，ソーシャル・キャピタルのデザインや維持・形成は，道路や橋などの人工資本に投資し維持・形成していくのとはかなり異なったすすめ方が求められる．そもそも，各種資本の価値を向上させ有効に活用するためのソーシャル・キャピタルのあり方がよくわかっていない．しかも，ソーシャル・キャピ

タルをパットナムが定義するように信頼，規範，ネットワークと理解するならば，ソーシャル・キャピタル自体がマイナスの機能を持ち，社会的に望ましくない事態を生み出すことも指摘されている．ソーシャル・キャピタルの影の側面と呼ばれる(Graeff, 2011)．したがって，ソーシャル・キャピタル一般というのではなく，どのようなソーシャル・キャピタルが各資本の価値を認識し有効利用を促すことになるのか，明確にする必要があろう．

　地域づくりが成果を上げた場合に，その要因としてこの地域にソーシャル・キャピタルが蓄積していたからだと事後的に言うことはできても，果たしてソーシャル・キャピタルを政策的につくりだすことはできるのだろうか．しかも，つくりだされるソーシャル・キャピタルは持続可能な地域づくりに資するものでなければならず，ソーシャル・キャピタルを言わばコントロールしなければならない．むしろ，パットナムが強調したように，ソーシャル・キャピタルは市民的伝統や市民社会に埋め込まれたものであって，またまさに社会的に生み出されるものであって，行政が計画的に整備できるようなものではないのではないか．

　ただ，持続可能な地域づくりの経験が蓄積するなかで，そうした地域づくりに資するソーシャル・キャピタルのあり様や形成過程が示唆されるならば，ソーシャル・キャピタルが形成しやすい場や機会を増やすことはできるかもしれない．したがって，ソーシャル・キャピタルの持つ機能をよく理解するとともに，ソーシャル・キャピタルの形成を意識したコミュニティのあり方を考え，試みることは推奨されるであろう．その意味で，ソーシャル・キャピタル形成はコミュニティガバナンスの問題であるということができる(Bowles and Gintis, 2002)．

　ソーシャル・キャピタルと持続可能な発展との間には，もう1つのチャネルがあることを忘れてはならない．それは，ソーシャル・キャピタルが人々のwell-beingに直接貢献するという経路である．Well-beingの構成要素は幸福，健康，自由などであるが，ソーシャル・キャピタルのあり様はそれらの状態にも大きな影響を及ぼすと考えられている．ソーシャル・キャピタルは，いわゆる主観的福祉と深い関係を持つと考えることができ，今後の成熟社会において，ますます重要な役割を果たすであろう．

## 1.5 持続可能な発展は誰が担うのか

持続可能な発展の考え方は，すでに述べたように，現実の経済社会において具体化が図られつつある．現状が持続可能だとは言えない状態ならば，いかにして持続可能な経済社会に転換・移行していくかという課題(Ueta and Adachi, 2014)に直面することになる．その際の最大のテーマは，誰がどのように持続可能な発展パターンへの移行を担うのかという，移行プロセスとその主体の問題である．

また，持続可能性の危機は外生的な衝撃やストレスが原因であることも少なくないが，危機の原因を認識して対処・適応し復元を図る経済社会のレジリエンス(resilience，強靭性や復元力と訳される)が持続可能な社会の要件として注目されている．レジリエンスはもともと生態系が有する特質であったが，それを社会にも適用する試みが行われている(Adger and Hodbod, 2014)．この場合もレジリエントな社会の主体的条件が問われることになる．

この問題を考える上でヒントになるのが，A.センが展開してきたケイパビリティ・アプローチに基づく human development 論である．センはその立場から，環境とは人間が積極的に関わる対象であると位置づけ，我々が生きている環境を改善する力も人間は持っている，と主張する．「開発とは基本的に力を与える(エンパワー)プロセスであり，その力は，環境を破壊するのではなく，保護し，豊かにすることにも用いることができる」という(Sen, 2009)．そして，この観点から持続可能な発展の要件を吟味するならば，ブルントラント委員会の「ニーズの達成」という目的も，それを拡張した「少なくとも我々自身と同じ生活水準」を次の世代もその次の世代も達成できることを保障しようとするソロー(Solow, 1993)による定式化も，人間に対する十分に幅広い見方(Sen, 2014)を取り込んでいないと批判する．

持続可能な発展と human development はいずれも開発思想，開発論の見直しにおいてきわめて重要な問題提起ということができる．しかし，両者の関係はそれほど明確ではない．持続可能な発展の提唱は，環境や資源の制約問題に対処する経済社会のあり方を問うだけではなく，発展概念そのものを見直す提

起でもあった．

　発展概念の再検討に際して最も本質的な影響を与えてきたのは，センが提唱する自由を中心に置く発展概念(Sen, 1999)である．自由を中心に置くことで，開発や発展の評価を行う際に，評価のためのより深い基礎を提供することができる．すなわち，GNPの成長，工業化，技術進歩といった(目標に近づくための)手段の進展で評価するのではなく，個人の自由という目的そのものに直接焦点を当てて評価することができる．生命活動の充実や選択権の拡大は人間発達とその条件の拡充そのものであり，財の生産の増加と違って，評価にとってそれ固有の妥当性がある．

　さらに，さまざまな自由は別のタイプの自由を拡大することに貢献するという意味で，自由を中心に置いた考え方は手段的意味でも物事の本質を見抜く力を提供する．さまざまなタイプの自由の間の相互関係に焦点を当てることで，個々の自由を他の自由から切り離して個々別々にみるという狭い視野を超えることができる．また，我々は多くの制度のもとで生きており，互いの制度がそれぞれの効果を減じるのではなく，制度が相互にいかに補完的に強化し合うことができるか見つけ出すことができる．

　そして何よりも，自由を中心に置いた見方は，経済社会を変化させる動力として自由な人間の建設的役割を捉えることができる．この見方は，人々を開発プログラムの受動的な受益者とみなす見方とは根本から異なるものである．この観点からは，人間の生活の意義は，生活水準とニーズの充足だけにあるのではなく，我々が享受する自由にあるということになる．

　セン(Sen, 2009)は，以上のような自由を中心に置いた見方を基礎に，持続可能な自由(sustainable freedom)を鍵概念にして持続可能な発展の再定式化を図る．すなわち持続可能な自由を念頭に置く持続可能な発展の考え方は，我々と同じ(あるいは，それ以上の)自由を持つという「将来世代のケイパビリティを危険に晒すことなく」今日の人々の本質的な自由やケイパビリティの維持と，可能なら拡大を取り込むことができると指摘する．

　持続可能な社会への移行過程を明確にするためには，持続可能な発展を担う能動者としての人間の発達を扱わざるを得ず，その意味で持続可能な発展論は，sustainable human development 論へと進化することになる．

## 文献

植田和弘(2003)「持続可能性と環境経済理論」慶応義塾大学経済学部編『経済学の危機と再生』弘文堂, 66-82 頁.
植田和弘(2010a)「持続可能な発展をめぐる諸問題」『環境経済・政策研究』第 3 巻第 1 号, 1-6 頁.
植田和弘(2010b)「「環境と福祉」の統合と持続可能な発展」『彦根論叢(滋賀大学)』第 382 号, 57-80 頁.
植田和弘(2010c)「福祉(well-being)と経済成長──持続可能な発展へ」『計画行政』第 33 巻第 2 号, 3-8 頁.
植田和弘(2013)『緑のエネルギー原論』岩波書店.
植田和弘(2015)「持続可能な発展からみたソーシャル・キャピタル」坪郷実編『ソーシャル・キャピタル』ミネルヴァ書房, 近刊.
宇沢弘文(2000)『社会的共通資本』岩波新書.
大塚直(2010)『環境法　第 3 版』有斐閣.
大沼あゆみ(2009)「地球環境と持続可能性──強い持続可能性と弱い持続可能性」宇沢弘文・細田裕子編『地球温暖化と経済発展』東京大学出版会, 185-211 頁.
篭橋一輝・植田和弘(2011)「本質的自然資本と持続可能な発展──理論的基礎と課題」持続可能な発展の重層的環境ガバナンスディスカッションペーパー, No. J11-04.
兒山真也(2014)『持続可能な交通への経済的アプローチ』日本評論社.
清水万由子・植田和弘(2006)「持続可能な都市論の現状と課題」『環境科学会誌』第 19 巻第 6 号, 595-605 頁.
農村計画学会(2010)『農村計画学会誌　特集：ルーラル・サステイナビリティ』第 29 巻第 1 号.
福川裕一・岡部明子・矢作弘(2005)『持続可能な都市　欧米の試みから何を学ぶか』岩波書店.
森田恒幸・川島康子(1993)「「持続可能な発展論」の現状と課題」『三田学会雑誌』第 85 巻第 4 号, 532-561 頁.
諸富徹(2010)『地域再生の新戦略』中公叢書.

Adams, W. M. (1990), *Green Development: Environment and Sustainability in the Third World*, London: Routledge.
Adger, W. N. and J. Hodbod (2014), "Ecological and social resilience," in G. Atkinson, S. Dietz, E. Neumayer, and M. Agarwala (eds.), *Handbook of Sustainable Development*, 2nd ed., Cheltenham: Edward Elgar, pp. 91-101.
Arrow, K. (1999), "Observation on social capital," in P. Dasgupta and I. Serageldin (eds.), *Social Capital: A Multifaceted Perspective*, Washington D. C., World Bank, pp. 3-5.
Barbier, E. B. (1987), "The concept of sustainable economic development," *Environmental Conservation*, Vol. 14, No. 2, pp. 101-110.
Bermejo, R. (2014), *Handbook for a Sustainable Economy*, Dordrecht: Springer.
Blewitt, J. (2015), *Understanding Sustainable Development*, 2nd ed., London: Routledge.
Bowles, S. and H. Gintis (2002), "Social capital and community governance," *Economic Journal*, Vol. 112, F419-F436.
Ciriacy-Wantrup, S. V. (1952), *Resource Conservation: Economics and Policies*, Berkeley (CA): University of California Press(4th ed. (1976), 小林達夫編訳『資源保

全　その経済学と政策』文雅堂銀行研究社，1982 年).
Daly, H. (1977), *Steady State Economics*, San Francisco: W. H. Freeman.
Daly, H. (1990), "Toward some operational principles of sustainable development," *Ecological Economics*, Vol. 2, No. 1, pp. 1-6.
Dasgupta, P. (2001/2004), *Human Well-Being and the Natural Environment*, Oxford: Oxford University Press(植田和弘監訳『サステイナビリティの経済学――人間の福祉と自然環境』岩波書店，2007 年).
Dasgupta, P. (2007), *Economics: A Very Short Introduction*, Oxford: Oxford University Press(植田和弘・山口臨太郎・中村裕子訳『経済学』岩波書店，2008 年).
Dasgupta, P. (2015), "Well-being in the green economy," Keynote Lecture at the 5th International Symposium on Sustainability Science, Tokyo, January 2015.
Dryzek, J. S. (2005), *The Politics of the Earth Environmental Discourses*, 2nd ed., Oxford: Oxford University Press(丸山正次訳『地球の政治学――環境をめぐる諸言説』風行社，2007 年).
Enders, J. C. and M. Remig (eds.)(2015), *Theories of Sustainable Development*, London; New York: Routledge.
Frey, B. S. (2008), *Happiness: A Revolution in Economics*, Cambridge (MA): The MIT Press(白石小百合訳『幸福度をはかる経済学』NTT 出版，2012 年).
Graeff, P. (2011), "Social capital: The dark side," in G. T. Svendsen and G. L. H. Svendsen (eds.), *Handbook of Social Capital: The Troika of Sociology, Political Science, and Economics*, Cheltenham: Edward Elgar.
Grover, U. (2012), *Sustainability: A Cultural History*, Totnes (UK): Green Books.
Hartwick, J. M. (1977), "Intergenerational equity and the investing of rents from exhaustible resources," *American Economic Review*, Vol. 67, No. 5, pp. 972-974.
Hartwick, J. M. (1978), "Investing returns from depleting renewable resource stocks and intergenerational equity," *Economics Letters*, Vol. 1, No. 1, pp. 85-88.
International Union for the Conservation of Nature (1980), *World Conservation Strategy: Living Resource Conservation for Sustainable Development*, IUCN.
Jackson, T. (2009), *Prosperity without Growth: Economics for a Finite Planet*, Abingdon: Earthscan(田沢恭子訳『成長なき繁栄　地球生態系内での持続的繁栄のために』一灯舎，2012 年).
Martinet, V. (2012), *Economic Theory and Sustainable Development*, Abingdon, Oxon: Routledge.
Meadows, D. H., D. L. Meadows, J. Randers, and W. W. Behrens III (1972), *The Limits to Growth*, New York: Universe Books(大来佐武郎監訳『ローマ・クラブ「人類の危機」レポート　成長の限界』ダイヤモンド社，1972 年).
Neumayer, E. (2013), *Weak versus Strong Sustainability: Exploring the Limits of Two Opposing Paradigms*, 4th ed., Cheltenham: Edward Elgar.
O'Riordan, T. and A. Jordan (1995), "The precautionary principle in contemporary environmental politics," *Environmental Values*, Vol. 4, No. 3, pp. 191-212.
Pearce, D. W., A. Markandya, and E. B. Barbier (1989), *Blueprint for a Green Economy*, London: Earthscan(和田憲昌訳『新しい環境経済学――持続可能な発展の理論』ダイヤモンド社，1994 年).
Pezzey, J. (1992), "Sustainable development concepts: An economic analysis," *World Bank Environment Paper*, No. 2, World Bank.
Pezzey, J. and A. Toman (eds.)(2002), *The Economics of Sustainability*, Aldershot: Ashgate.

Putnam, R. (1993), *Making Democracy Work: Civic Tradition in Modern Italy*, Princeton: Princeton University Press(河田潤一訳『哲学する民主主義――伝統と改革の市民的構造』NTT出版，2001年).

Rydin, Y. (2014), "Sustainable cities and local sustainability," in G. Atkinson, S. Dietz, E. Neumayer, and M. Agarwala (eds.), *Handbook of Sustainable Development*, 2nd ed., Cheltenham: Edward Elgar, pp. 551-563.

Schmidheiny, S. (1992), *Changing Course: A Global Business Perspective on Development and the Environment*, Cambridge (MA): MIT Press(BCSD日本ワーキング・グループ訳『チェンジング・コース――持続可能な開発への挑戦』ダイヤモンド社，1992年).

Sen, A. (1985), *Commodities and Capabilities*, Amsterdam: North-Holland(鈴村興太郎訳『福祉の経済学――財と潜在能力』岩波書店，1988年).

Sen, A. (1999), *Development as Freedom*, Oxford: Oxford University Press(石塚雅彦訳『自由と経済開発』日本経済新聞社，2000年).

Sen, A. (2009), *The Idea of Justice*, Cambridge (MA): Belknap Press of Harvard University Press(池本幸生訳『正義のアイデア』明石書店，2011年).

Sen, A. (2014), "The ends and means of sustainability," in O. Lessmann and F. Rauschmayer (eds.), *The Capability Approach and Sustainability*, Abingdon: Routledge, pp. 5-19.

Solow, R. M. (1986), "On the intergenerational allocation of natural resources," *Scandinavian Journal of Economics*, Vol. 88, No. 1, pp. 141-149.

Solow, R. M. (1993), "An almost practical step toward sustainability," *Resources policy*, Vol. 19, No. 3, pp. 162-172.

Stiglitz, J. E., A. Sen, and J.-P. Fitoussi (2010), *Mismeasuring Our Lives: Why GDP Doesn't Add Up: Report by the Commission on the Measurement of Economic Performance and Social Progress*(福島清彦訳『暮らしの質を測る――経済成長率を超える幸福度指標の提案』金融財政事情研究会，2012年).

Tisdell, C. A. (2014), "Sustainable agriculture," in G. Atkinson, S. Dietz, E. Neumayer, and M. Agarwala (eds.), *Handbook of Sustainable Development*, 2nd ed., Cheltenham: Edward Elgar, pp. 517-531.

Ueta, K. and Y. Adachi (eds.) (2014), *Transition Management for Sustainable Development*, Tokyo: United Nations University Press.

UNU-IHDP (2012), *Inclusive Wealth Report 2012: Measuring Progress towards Sustainability*, Cambridge (UK): Cambridge University Press(植田和弘・山口臨太郎訳『国連大学　包括的「富」報告書――自然資本・人工資本・人的資本の国際比較』明石書店，2014年).

Uzawa, H. (2005), *Economic Analysis of Social Common Capital*, Cambridge (UK): Cambridge University Press.

World Commission on Environment and Development (1987), *Our Common Future*, Oxford; New York: Oxford University Press(環境と開発に関する世界委員会編(大来佐武郎監修，環境庁国際環境問題研究会訳)『地球の未来を守るために』福武書店，1987年，第2章，をもとに礪波亜希・植田和弘改訳「持続可能な発展へ向けて」淡路剛久・川本隆史・植田和弘・長谷川公一編『持続可能な発展(リーディングス　環境　第5巻)』有斐閣，2006年，320-323頁).

# 第2章　持続可能な発展を計測する指標

諸富　徹

## はじめに

　本章は，新しい経済指標としての「持続可能な発展指標」を取り扱う．経済成長は基本的に望ましいことだと考えられてきたが，1960年代に激しい公害問題や環境問題が引き起こされて以来，経済指標としての国内総生産（GDP）に問題があることは広く認識されるようになってきた．しかし，その代替指標の開発は必ずしも成功せず，実際にGDPは今も活用され続けている．

　一旦下火になったGDP代替指標をめぐる議論だが，過去10年間にふたたび盛んになってきた．その背景には，GDPの伸びが必ずしも生活の豊かさの向上と結びつかないことが，広く認識されるようになってきたという事情がある．また，そうした生活の豊かさが，そもそも現在世代だけでなく将来世代も含めて持続可能か否かも，問題とされるようになってきた．さらに，環境だけでなく格差問題など，社会的側面も含めて経済，環境，社会の3要素がバランスよく発展することの必要性が認識されるようになり，そうした発展を誘導するための新しい指標開発が求められるようになってきたという事情もある．

　指標開発の側でも，所得のようなフロー指標だけでなく，自然資本その他のストック情報を豊富化するための手法が進展したことや，心理学と経済学の相互交流によって，人々の主観的幸福を直接的に捉えることが技術的に可能になった点も，指標開発をめぐる議論にイノベーションをもたらした．

　本章では，これら持続可能な発展指標をめぐる議論の現状を概観したうえで，その課題と政策応用について考察を行うことにしたい．

## 2.1　「持続可能な発展指標」をめぐる議論の展開

### 2.1.1　なぜ「持続可能な発展指標」が必要なのか

現在，世界的に「持続可能性」や「幸福度」に対する関心が広がっている．そして，それらを客観的な指標で評価できないかという問題意識が高まっている．こうした問題意識の背景には，1人当たり GDP の増加，つまり経済成長が，必ずしも真の意味での社会の発展や国民の幸福の増進につながっていないとの認識がある．

GDP 指標に基づく経済成長の追求は，次の2点で問題があるといえよう．第1に，もし経済成長が自然資本というストックを食いつぶし，それを人工資本で置き換える形で実現されているのならば，究極的には自然資本(気候, 生態系, 資源)が再生不可能な水準まで減耗し，経済成長の基盤もまた失われることになる．したがって，自然資本のストック水準を長期的に，どのようにして持続可能な水準に維持しながら発展を遂げるかが課題になる．ここから第1に，「環境」という要素をどのようにして発展指標に組み込むか，そして第2に，「世代間公平性」の達成を助ける指標をどう開発すればよいかという課題が生まれる．

第2の問題は，社会発展の究極目標である人々の福祉水準(幸福)は，必ずしも GDP に示される生産・所得水準だけで決定されるわけではないという点にある．つまり，環境(アメニティ)のよさ，安全・安心，生活の質，人々とのつながり(社会関係資本)といった「非経済的要素」(あるいは「非物質的要素」)が，人々の幸福度にかなり影響している可能性がある．もしそうであるならば，これらの要素を考慮しないまま経済成長だけに着目する経済政策は，長期的な持続可能性と人々の真の幸福度という点で問題が多い．こうした「非経済的要素」を発展指標に反映させるにはどうすればよいだろうか．その1つのアプローチが，直接的に人々の福祉水準を測る指標として「主観的幸福」(subjective well-being)を用いる方法である．

実際，図 **2.1** に描かれているように，GDP という経済指標は，人間の幸福を評価する上ではきわめて狭い，その一部しか評価できない指標である．

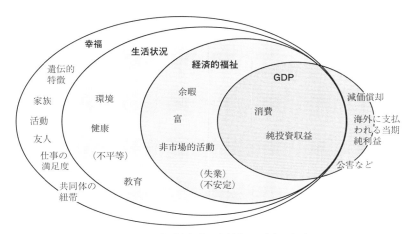

**図 2.1** GDP, 経済的福祉, 生活状況, 幸福の概念図
出典) Deutsche Bank Research (2006), p.3.

GDP を構成する要素の外側に, (1) 余暇, 富, 非市場的活動, 失業, 不安定さなどの経済的福祉に関わる要素, (2) 福祉水準を規定する客観的な条件を構成する環境, 健康, 不平等, 教育といった人間の福祉水準にとってはきわめて重要な構成要素が存在する. それに加えて, 幸福に直接的な影響を与える家族, 友人, 活動, 仕事の満足度, 共同体の紐帯などの要素もあるが, これらは指標化・数値化するのがきわめて難しい対象である.

こうした反省から, GDP に代わる指標が求められるようになっている. この点については, 過去 10 年間, 国内外で爆発的に研究が膨張してきた. 仏サルコジ前大統領の諮問で設けられた「経済パフォーマンスと社会進歩の計測に関する委員会」報告書(Stiglitz et al., 2010)が代表的であるが, 他にも国連, 経済協力開発機構(OECD), 欧州連合(EU)等の国際機関で同様に持続可能な発展に関する指標の開発研究が行われている.

## 2.1.2　GDP 代替指標をめぐる国際的な議論の状況

「ミクロ指標」の開発　　GDP には含まれないが, 社会の発展や人々の福祉水準にとって重要な要素を各分野で拾い上げ, それを指標化することを「ミクロ指標」と呼ぶことにしたい. 指標の領域としては, 第 1 に GDP, 第 2 に余

暇活動,非市場労働,国富など経済的領域には含まれるが,GDP には含まれない「経済的福祉」(economic well-being)の領域を挙げることができる.これらに加えて,第3の領域として環境,健康,教育などの貨幣換算できない「生活状況」(living conditions)に関する領域が挙げられる.そして第4に,家族・友人との対人関係や地域的な紐帯といった「社会的な結束」(social cohesion)を,独立した領域として挙げてもよいであろう.

これらの各領域の状態を示す複数の指標を選び,それらを並列的に示すことで持続可能な発展指標を構成するものを,「ダッシュボード型指標」という.自動車のダッシュボードのように,運転手がそこに設置された速度計や燃料残量計など,複数の計器から自動車の走行状況に関する情報を取得し,判断するための情報を提供していることにちなんだ命名である.

ダッシュボード型指標は,社会の状態や政策の進捗状況について,多面的な情報を提供できる利点がある.それに基づいて,政策担当者は総合的な判断を下すことができる.他方で,情報量が多すぎるために,個々の指標は理解できても複数の指標が全体として,社会の状態について何を指示しているのか理解しにくいという短所もある.また,それぞれの指標間の関係が不明確で,個別の指標を改善することが,本当に持続可能性を担保することにつながるのかが,指標からは明確に読み取りにくいという問題もある.

そこで,ダッシュボード型ではなく,統合型(単一型)指標の方が望ましいという考え方も出てくる.つまり,複数の指標群を何らかの方法で重みづけし,単一の指標にまとめてしまうのである.こうすれば,その指標の数値が上昇していれば持続可能性が担保されており,そうでない場合は持続可能ではない状態だという判断が容易にできる.しかし,単一指標化してしまうと,その増減については判断材料を提供してくれるが,なぜ指標の数値が上昇したのか,あるいは下落したのか,といった背景理由に関する情報は,それだけでは読み取ることができない.その理由を探ろうとすると結局は,その指標を構成する各要素を分析しなければならなくなる.

**GDP に代わる「マクロ指標」の開発**[1]　　国内総生産(GDP)などの国民経済計算体系(SNA)が必ずしも国民の福祉水準を反映した指標とはならないことは,

世界の多くの研究者によって，長年指摘されてきた．1960～70年代には，環境問題の深刻化を受けて，GDP代替指標の開発が進められた．代表的なものとして，「国民福祉指標」(Measure of Economic Welfare: MEW)や「国民純福祉」(Net National Welfare: NNW)などが挙げられる．MEWはノードハウスとトービンによって提案された指標で，GDPの最終消費支出をベースに，余暇や非市場労働を加え，通勤費用や国防予算などの不満的(regrettable)支出を差し引いて調整した指標である(Nordhaus and Tobin, 1972)．もっともノードハウスとトービンは，MEWのようなGDPの修正を行ってもなお，GDPとトレンドは同じであり，GDPが福祉指標として依然，有効性を有すると結論づけている．

他方，NNWは日本が先駆的に開発した指標である(経済審議会NNW開発委員会，1973)．これは，SNAの概念に基づきつつも，SNAでは評価されない余暇時間，市場外活動，環境維持経費，環境汚染，都市化による損失などを考慮し，国民の福祉水準をGNPなどに比べて適切に評価できる指標となっている．しかし，実際には政策上活用されず，GDP代替指標としては機能しなかった．

1990年代に入ると，GDPの欠点を環境面において克服する目的で，1993年には国連が「環境経済統合勘定」(SEEA)を公表した．これは環境面からGDPを改良した新たなマクロ指標として「環境調整済み国内純生産」(EDP, eaNDP)を提案するものである．その最大の特徴は，自然資源の減耗をコストとして評価した経済勘定となっている点にある．具体的には，SNAで測られる「国内純生産」(NDP)から帰属環境費用を控除したものが，「環境調整済み国内純生産」となる．環境面に配慮したGDPという意味で，「グリーンGDP」とも呼ばれる．

こうしたグリーンGDPの試みには，いくつかの課題や限界が残されている．第1は，その経済学的な理論的根拠が脆弱だという点である．SNAは国民所得理論というマクロ経済学理論が背後にあるが，SEEAには，そのような強固な理論的背景があるわけではない．そのため，NDPから帰属環境費用を控除する根拠も経済学的には説明できていない．この点を解決しなければ，eaNDPが変化する理由を説明できず，したがってそれをGDP代替指標として政策的に活用することもできない．第2に，eaNDPの成長が何を意味するのかが不明確だという点が挙げられる．eaNDPの成長は，経済の成長と環境負

荷の減少でもたらされる．そのため，環境負荷の増加以上に経済を成長させれば eaNDP は増加する．これが果たして本当に環境にやさしいことなのかという点は議論の余地がある．第3に，帰属環境費用の推計方法における恣意性が挙げられる．実は，この計算方法に明確な国際合意がないため，これら推計方法について明確に根拠を示さなければ，恣意性の問題が発生し，指標としての信頼性が損なわれる恐れがある．

　このほかにも，1989年にデイリーとコブによって提唱された「持続可能な経済福祉指標」(Index of Sustainable Economic Welfare: ISEW) がある (Daly and Cobb, 1994)．この指標の長所としては，既存の国民経済計算体系(消費者支出)をベースとしたマクロ的評価指標であるため，GDPなど既存の経済指標とも整合性を確保できる点を挙げることができる．また，ISEWは環境破壊・汚染や自然資産の劣化などをコストとして考慮するだけでなく，所得不均衡のコスト，家事労働や育児などSNAには含まれない無償労働の価値評価を導入するなど，環境面だけではなく，社会的側面においても既存のSNA経済指標の欠点を改善する指標として注目されている．

### 2.1.3　新しい視点——「持続可能性」と「主観的幸福」

　以上の新しい指標開発の試みは，我々の経済活動が環境にもたらす影響を反映させようとする試みとして大変貴重だが，なお課題も残っている．ここでは2点指摘しておきたい．

　第1に，これらの指標ではGDP指標に環境の要素を加えることによってそれを代替するか，あるいは補正することは可能だが，あくまでも現状認識のための情報基盤にとどまっている．現状が持続可能な発展の経路に乗っているのか，それともその経路から外れているため修正を必要とするのか，という点に関する情報をつくり出す必要がある．そのためには，GDPのような「フロー」指標に加えて，何らかの「ストック」指標が必要になる．それが，「自然資本」(natural capital)，「社会関係資本」(social capital)，「人工資本」(manmade capital)，そして「人的資本」(human capital) といった4つの資本概念からなる「資本アプローチ」と呼ばれる指標である．これについては，後述することにしたい．

　第2に，所得・資産の多寡が，そのまま人々の福祉水準を決定するわけでは

ないことがますます明らかになってきた(「イースタリン・パラドクス」, Easterlin, 1974)ため，GDP の増加を人々の福祉水準の向上と等置できなくなってきたという問題がある．したがって人々の福祉水準，あるいは幸福度を直接的に測定しようというアプローチが経済学でも取り入れられるようになってきた(「主観的幸福」)．これは，主観的幸福度という指標を導入することで，所得・資産以外の要因が人間の福祉を向上させる場合も，指標に反映できるという利点がある．もちろん，環境悪化による福祉水準の低下も反映されることになる．

## 2.2 「持続可能な発展」概念と資本アプローチ

### 2.2.1 「持続可能な発展」概念の定義

先進国における経済政策の目標は，「1 人当たり GDP の増加」から「持続可能な発展の追求」に転換しつつあり，個人の幸福(福祉水準)の向上こそが，持続可能な発展の究極目的だといえる．ところで，「持続可能である」ということは，いったい何を意味するのだろうか．経済学ではその意味内容をめぐって，「強い持続可能性」の立場と「弱い持続可能性」の立場による論争が行われてきた．「弱い持続可能性」の下では，時間軸を通じて 1 人当たりの実質消費水準を保つことが，持続可能性の必要条件とされてきた．つまり，この概念では人工資本が増加して自然資本が食いつぶされても，1 人当たり消費水準が一定に保たれる限り，持続可能性が失われてはいないと判定される．つまり，人工資本と自然資本は完全に代替可能だと想定されているのである．

ゆえに，「弱い持続可能性」の下では，成長が進めばエコロジー的な限界に達することに歯止めがかからないという批判が，「強い持続可能性」の立場からなされた．対照的に，この「強い持続可能性」概念は，時間軸を通じて自然資本のストックが一定との条件が持続可能性の必要条件として前提される．

この点で，ノーベル経済学賞受賞者のアマルティア・センの議論の影響はきわめて重要である．彼は，(1)財・所得に対する支配権で福祉を評価しようとする客観評価アプローチと，(2)効用で福祉を評価しようとする主観評価アプローチの両者の問題点を鋭く批判しながら，その両者の媒介項としての「機能」や「潜在能力」が福祉水準に寄与する役割を積極的に評価する理論的枠組

みを構築した．そして，潜在能力の豊かさを最大限に発揮して，「善き生」を生きることが，「持続可能な発展」にとって不可欠な要素だと捉えている．

センによるこの「潜在能力アプローチ」は，1人当たり GDP の増加で典型的に示される経済発展概念の物質主義的偏向を脱却し，その内容を豊富化させることに貢献したといえよう．このセンによる貢献の延長線上に立って，著者は「持続可能な発展」の定義を，

> 自然資本の賦存量が，最小安全基準に基づく決定的な水準の自然資本量を下回ってはならないという制約条件の下に，世代内公平性に配慮しながら，福祉水準(Well-Being)を世代間で少なくとも一定に保つこと

という形で行った(諸富，2003)．ここでは，自然資本が不可逆的な損失を被らない水準で維持されることを前提として，人々の福祉(幸福)を世代間で少なくとも一定に保つ(あるいは引き上げていく)ことこそが，「持続可能な発展」の意味内容だということになる．

### 2.2.2 「資本アプローチ」とは何か

以上のように持続可能な発展を捉えるならば，それを支える資本の賦存量との関係から持続可能な発展をどう定義すべきかが問題となってくる．実際，持続可能な発展への「資本アプローチ」は，少なくとも現在世代と同じ水準の1人当たりの富の総量を維持する国富の水準を包括的に計測することを目的としてきた(World Bank, 2006; Ruta and Hamilton, 2007; Strange and Bayley, 2008; UN, 2008)．

資本アプローチの観点からは，「持続可能な発展」は，1人当たりの富が時間軸を通じて減少しないこと，と定義できる．このことは，人口が増えれば，それに比例して富も増加しなければならないということを意味している．「富」とは，ここでは人工資本，自然資本，人的資本，社会関係資本からなっている．このことを定式化すると，以下のようになる．

$$TNW = p_R R + p_N N + p_H H + p_S S$$

ここで，$TNW$ は総国富を意味し，$R$, $N$, $H$, $S$ はそれぞれ，人工資本，自然資本，人的資本，そして社会関係資本を示している．これらに対して，それぞれの理論的な会計上の計算価格($p_R$, $p_N$, $p_H$, $p_S$)が掛け合わされてその貨幣

価値が計算されている．

　もし，資本間の代替可能性が高く，個別資本が貨幣価値で評価可能ならば，1人当たりの総国富の変化という形で持続可能性指標を構成することができる．これは，たびたび「真正投資」(genuine investment)もしくは，「真正貯蓄」(genuine saving)と呼ばれるが，一定の条件の下では，人間の幸福度に関する1つの理想的な持続可能性指標とみられている[2]．それが正だということは，社会的厚生が増加しているということを示しているのに対し，それが負だということは社会的厚生が低下しており，現在の発展経路が持続可能でないことを示している．

　しかし，このように資本のストック水準を貨幣価値換算して持続可能性を評価することの妥当性が必ずしも保障されない場合がある．第1は，資本ストックの価値を貨幣評価することが往々にして困難な場合である．第2は，仮に貨幣価値評価が可能だとしても倫理的理由から貨幣価値による統合指標を適用することが望ましくない場合である．具体的には，一定水準までは他の資本と代替可能であっても，一定水準を超えると不可逆的にその資本のストック水準が失われたり，生態系の機能やその価値が失われる場合，その資本には閾値が存在するということになる．この閾値の水準の資本ストックのことを，「臨界資本」(critical capital)という．

　こうして，もし「臨界点」がそれぞれの資本について確定できるなら，臨界性を持つ資本が――そのストックが臨界点以上にあることを制約条件として――，社会的厚生の最大化を図るという視点から，真正貯蓄の考え方を「持続可能性」の判定条件として適用していくことができるかもしれない．しかし，「臨界資本」に関して *Ecological Economics* 誌上で企画された特集号の諸論稿を読む限り[3]，現時点では自然科学的にも，そしてそれを判断する社会科学的な基準の明確性という意味でも，そのような「臨界性」を定義し，定量的に確定させるのは現実的にかなり難しく，時期尚早なことだといえるかもしれない．

　いずれにせよ，以上のことから資本アプローチに基づく持続可能性指標は，「真正貯蓄」のように，貨幣という単一の評価指標に単純化した上で，複数の資本を単純に集計してしまうアプローチに依拠することは，「臨界資本」の存在を考慮に入れると，問題が多いと言わざるをえない．たしかに，貨幣価値に

よる単一の統合指標は便利だが，こうした問題から，臨界資本については切り離して別途，物量単位で評価する必要性があるだろう．

さて，資本アプローチを採用するということは，人々の福祉水準を支える基礎的条件が，時間軸を通じて持続可能か否かを評価しようとしていることになる．それが通時的に一定だということは，人々の福祉水準が通時的に一定だということを意味する．実際に，人工資本，人的資本，そして自然資本で構成される資本ストック水準の変化は，人々の主観的幸福に影響を与えるのであろうか．

Engelbrecht(2008)は，複数国間比較で複数のマクロレベルの富の賦存量と主観的幸福関係を，富の賦存量を3つのサブカテゴリー(自然資本，人工資本，非物的資本)に焦点を当てることで明らかにしようとした．その結果，1人当たりの富の総量は，強く1人当たり国民総所得(Gross National Income: GNI)と相関を持ち，1人当たり自然資本とは連関を持っていないことが明らかになった．対照的に，1人当たり自然資本は，自然資本集約的な国々を統計的に外れ値として除外すると，特に相対的に所得の高い国々において主観的幸福と高い相関があることが判明したという．この点は今後，さらなる研究が必要であろう．

## 2.3 持続可能性と「主観的幸福」

### 2.3.1 「主観的幸福」概念を導入することの意義

以上のアプローチは，あくまでも人々の福祉水準を支える客観的条件としての資本が，持続可能か否かを検証しようとするものであった．これに対して，環境をはじめ，GDPには含まれないけれども人間の福祉にとって重要な要因がその福祉水準にどのような影響をおよぼすのかを直接的に測ろうとするアプローチも存在する．それが，「主観的幸福」を指標化するアプローチに他ならない．

幸福に関する最もよく知られたアプローチは，ベンサムによって切り開かれた古典的功利主義の立場であり，そこでは幸福は精神の好ましい状態によって構成される．この観点から「よき状態」(well-being)と「幸福」(happiness)は本質的には同義とみなされ，それらは以下の2つの要素を持つと考えられている．

1つは,「快」(pleasure)と呼ばれている要素で,感覚,感情,雰囲気が好ましい状態を指すが,短期的にしか持続しない状況を意味している.これに対してもう1つの要素は,「人生一般に対する満足」あるいは,「望んでいたことを達成することから生じる個人的な幸福」を意味し,自己反省や自己査定を伴い,感情よりは評価や判断とより深い関係を持つ.

　この点で個人がどの程度幸福だと言えるかは,彼らの選好や嗜好がどの程度満たされたかに依存すると考えられる.心理学では,具体的には,幸福は以下の7つの要素に関するギャップに依存するとされる.第1は,その個人が持っているものと,その個人が望んでいるものとの差(aspiration),第2は他人が持っているものとの差(social comparison),第3は,その個人が過去に持っていたものとの差(history),第4は,例えば3年前に実現,あるいは達成すると期待していたものとの差(disappointment),第5は,例えば5年後に達成・実現するだろうと期待するものとの差(hope),第6に,その個人が(そう取り扱われてしかるべきと考える)価値との差(equity),そして第7に,その個人のニーズとの差(needs),となる.

　他方,経済学では「幸福」の問題は,どのように取り扱われてきたのだろうか.これまで標準的な経済学では,個人によってなされた観察可能な選択に基づいてのみ理論構成する「客観主義」的な立場がとられてきた.そこでは,個人の効用は,有形の財・サービス消費のみに依存するとされる.したがって「主観的幸福」を計測しようとする立場は,それが客観的な形で外部から観察可能ではないという理由で「非科学的」とされ,拒否される傾向があった.

　実際,環境経済学ではこうした「客観主義」の立場に立って,環境評価のための様々な手法が開発されてきた.それらは通常,「顕示選好(revealed preference)アプローチ」と,「表明選好(stated preference)アプローチ」とに区別される.前者は,市場財に関して観察される消費者行動から,環境要因に帰すことができる価値を引き出すという方法をとる.「ヘドニック価格法」や「トラベル・コスト法」,「回避あるいは相殺行動法」が,顕示選好アプローチに立脚する評価法である.もう1つの表明選好アプローチに立脚する評価法は,「仮想的市場法」(Contingent Valuation Method: CVM)が最も典型的な手法であり,環境条件や環境質の仮想的な変化に対して,消費者自身の評価を直接質問の方法に

よって引き出す．

　これに対して，「主観主義」的なアプローチには，「客観主義」的なアプローチにまつわるいくつかの方法論的な困難を回避することができる利点がある．なぜなら，前者の手法では後者と異なり，調査対象となる人々が，環境条件の変化に対して価値づけを行うことを求められないからである．代わりに彼らは，生活にどのように満足しているのかを尋ねられるだけであり，別途，研究者が計量経済学的手法に基づいて，彼らの回答が環境要因の変化とともにどのように動くのかを分析する．

　このアプローチの利点は第1に，「個人が環境問題に関する因果関係を知っている」とか，「自らが晒されている環境汚染の程度について知っている」といった比較的厳しい仮定を置く必要がなくなるという点にある．したがって，仮想的市場法など客観主義的な手法を採用する場合に比べて，求められる情報量や前提条件を緩めることができる(Welsch, 2006)．第2に，顕示選好法と異なって，このアプローチは合理的な主体や完全市場といった非現実的な状態を，やはり前提とする必要はなくなる．第3に，市場データを得られる限りにおいて，間接的に人々の福祉水準を計測するのではなく，直接的に彼らの幸福度を測ることができる点にメリットがある．

### 2.3.2 「主観的幸福」の測り方

　ところで，「主観的幸福度」は，どのように計測されるのだろうか．主観主義的アプローチでは，当人こそが，自らの生活の質全般を最もよく判断できる主体だと考え，彼らに幸福か否かを直接尋ねるのが最も適切な手法だと考える．具体的には，グローバルなレベルで行われているアンケート結果の助けを借りながら，人々が自らの幸福や生活満足度についてどのような評価を下しているのかを調査する．人々は，1) 自らが置かれた環境，2) 他者との比較，3) 過去の経験との比較，そして4) 将来へ向けての期待といった観点から，自らの現時点での主観的幸福を自己評価する．

　例えばシカゴ大学により1972年から毎年，ないしは隔年実施されている「総合的社会調査」(General Social Survey)において行われている3段階評価による調査では，次のような問いが設定されている．「総じて，(1)最近あなたはと

ても幸せですか，(2)ある程度幸せですか，それとも(3)それほど幸せではありませんか」．世界数十か国の大学・研究機関が参加し，共通の調査票で各国国民の意識や価値観を5年ごとに調査する「世界価値観調査」(World Value Survey)では，「総じて，最近あなたは自分の生活にどの程度満足していますか」と尋ねることで，生活満足度が，1(不満)から10(満足)までの10段階で評価されることになる．

　もっとも，主観主義的アプローチがまだまだ論争的な方法であることに変わりはない．特に，人々の自己評価に関するデータを大量に集め，統計学的に処理した上で分析することはよいとしても，それらの前提となる自己評価そのものは，科学的にみて有効な情報とみなしうるのかという疑問が残る．また，被質問者の回答は，内的に一貫性のとれたものと言えるのかという問題点もある．さらに，主観主義的アプローチによる調査結果については，個人の精神的な状態を分析するのには有効ではあっても，それを社会全体の集合的な幸福の評価に用いてよいのかという根本的な批判もある．最後に，人々への調査に際しては，自らのことを表現する能力や意欲に関してどうしても個人間で相違があるため，その結果にはどうしてもバイアスがかかることは避けられないとの重要な指摘もある(Dodds, 1997)．

　にもかかわらず，心理学の観点から主観的幸福を精力的に研究して巨大な業績を上げているエド・ディーナーは，現在はまだ主観的幸福指標の本格活用の初歩的段階だが，今後ますます，世界中で実施される幸福に関する主観的評価のデータが蓄積されていき，信頼性が高まれば，それに基づく指標を公共政策立案の指針とすることが可能になると主張している(Diener and Ryan, 2009; Diener *et al.*, 2009)．

### 2.3.3　自然資本が「主観的幸福」に与える影響

　以上の議論を前提としながらも，ここでは，本書にとって主たる関心事である環境(ここでは，「自然資本」と捉える)が主観的幸福に与える影響について，これまでの研究成果を概観しておきたい．

　さて，もし自然資本が主観的幸福に対して正の影響を与えているならば，自然資本を時間軸を通じて一定以上に保つことは，主観的幸福を一定以上に保つ

ことに他ならないと想定できることになる．つまり，資本アプローチにおいて自然資本が通時的に一定以上であれば，それは，単に環境が悪化していないというだけでなく，積極的に，福祉水準の向上に寄与していると判断してよいことを示している．

この点では，Welsch(2002)がおそらく，主観的幸福が環境の変化に伴ってどう変化するのかを分析した最初の試みであったと言える．彼はマクロレベルのデータを用い，汚染物質量の変化に応じて，主観的幸福の貨幣的価値がどう変化するかを検証した．その結果，汚染物質が増大すれば，主観的幸福は低下するという明快な関係を引き出した．次に，Welsch(2006)は欧州10か国における主観的幸福に関するパネルデータを，大気汚染および1人当たり所得のデータとともに用いて分析し，主観的幸福が，大気の質や個人の経済的豊かさの変化とともに，どう変化するのかを分析した．結果，彼は大気汚染が，主観的幸福の差違を説明する上で統計学的に顕著に重要な役割を果たしていることを明らかにしたのである．

ウェルシュの先駆的研究に引き続いて近年では，環境汚染と主観的幸福の研究が増加する傾向にある．例えば，Rehdanz and Maddison(2008)は，ドイツの社会経済パネルデータを用いて，主観的幸福と環境質の関係を検証している．それによれば，地域で大気汚染と騒音が悪化すれば，主観的幸福をかなりの程度引き下げることを明らかにした．MacKerron and Mourato(2009)は，約400名のロンドン市民に対してアンケート調査を行う一方，地理情報システム(GIS)を用いて大気汚染物質の集積度に関するデータを創出し，大気汚染がロンドン市民の生活の質にもたらす影響を調べた．それによれば，やはり大気汚染が悪化すれば，顕著に主観的幸福は低下するという結論が得られている．日本でも，倉増他(2010)が東京都および神奈川県のデータを用いて，主観的幸福と大気汚染の関係を検証し，光化学オキシダント排出量の最大値において，幸福度が低下する傾向を見出している．

自然資本が主観的幸福におよぼすプラスの影響に関する研究も盛んに行なわれている．Vemuri and Costanza(2006)はマクロデータを用いて，自然資本の存在が，人間のストレスからの快復や健康の増進にプラスに働くことを確かめた．Engelbrecht(2009)は，自然資本の賦存量と主観的幸福の関係を検証し，

主観的幸福の説明変数として自然資本を含んだ結果が頑健であり，その説明力が高いことを示している．さらに，Nisbet and Zelenski(2011)は，都市近郊の住民が自然と接触することで，彼らの幸福度が高まることを示している．

以上，みられるように近年，急速に主観的幸福と自然資本(あるいは環境汚染)の関係をめぐる研究が盛んになっており，多くの業績が発表されるようになってきている．総じてそれらは，自然資本と主観的幸福が相関を持ち，自然資本の蓄積が進むことは，主観的幸福を増大させることに寄与しているという結論を引き出している．

## 2.4 持続可能な発展指標の活用と，その経済政策へのインパクト

以上で明らかになってきたのは，人的資本，社会関係資本，自然資本，そして人工資本といった様々なストック水準が，我々の福祉水準に影響を与えているということである．そして，経済的に豊かさが増加するにつれてますます，所得や資産以外の要素が，我々の福祉水準に与える影響が相対的に大きくなっていく．したがって今後，我々が真の豊かさとは何かを正確に把握し，それを向上させるための公共政策を実施したいと考えるのであれば，GDPなど既存の社会経済指標に加えて，主観的幸福度を含めた「持続可能な発展指標」の充実が必要になるのは必然であるように思われる．

もう1点重要なのは，我々の福祉水準が時間軸でみて持続可能かどうかをつねに検証しながら公共政策を実施していかなければならないということである．現時点での福祉水準が高いからといって，それが将来的にも維持される保障はない．経済成長が持続可能か，あるいは財政が持続可能か，といった論点については既に多くの議論が行われているが，我々の経済社会が，そもそも環境的に持続可能かという論点についてはまだまだ経済政策上の主要論点とはなっていない．これについては，指標の不備も大きく寄与していると思われる．つまり，GDPの上下動について一喜一憂するほどには，我々がこの社会の持続可能性について一喜一憂しないのは，それを示す分かりやすい指標がないことも大きいと思われる．

しかし，我々の経済社会の基盤としての環境(「自然資本」)が悪化してしまえば，それに立脚する経済社会の繁栄の継続もあり得ない．また，環境が我々の福祉水準に対して直接的におよぼす好影響も，それに伴って減じられてしまう．こうしたことを未然に防止するには，我々が持続可能な発展の経路に乗っているか否かをチェックできる情報と指標を創り出さねばならない．もちろん，資本アプローチにせよ，主観的幸福にせよ，経済政策立案のための基礎情報とするには今なお問題が多い．しかし，この点をめぐっていま世界的に膨大な研究投資と知的資源の投入が行われ始めており，今後，確実に知識の蓄積と方法的な革新は進んでいくであろう．日本としても，世界各国で行われているこの研究動向に対する目配りを忘れることなく，自らもよりよい指標の開発と，それをガイドラインとして公共政策が実施できるような運用可能性の向上を図るべきであろう．

## 2.5　さらなる研究の発展に向けて

　本章では，環境の豊かさを含めて，何が人間の福祉(well-being)を引き上げるのかを解明し，それに貢献する諸要素を特定するとともに，その賦存量を定量的に把握して指標化し，それを経済政策立案の基礎情報とするにはどうすればよいか，という問題について議論してきた．

　持続可能な発展指標の研究は，完成というには程遠く，まだまだ多くの課題が横たわっている．したがってそのさらなる発展のための課題を述べて，本章を締めくくることにしたい．第1に，「主観的幸福」とは何か，それは定量的にどのように把握し，指標化するのか，といった点について，さらに研究を深める必要がある(図2.2の指標研究①)．第2に，これまでGDPには反映されてこなかったけれども，人間の福祉水準にとって重要な要素を取り込んで，GDP代替指標(ミクロ指標，マクロ指標)の開発を行っていく必要がある(指標研究②)．そして第3に，人間の福祉水準を支える「客観的条件」についても，その内容の具体化と，その通時的な増減が人間の福祉に与える影響をさらに深く解明する必要がある．その上で，資本アプローチを活用して資本ストック水準の定量的把握を行い，それをチェックすることで，我々の経済社会が持続可能

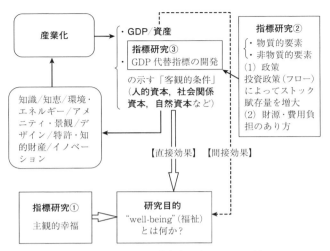

図 2.2 「持続可能な発展指標」研究のさらなる展開
出典）著者作成.

な経路に乗っているか否かを判断できる材料を提供する必要がある（指標研究③）．

こうした指標開発が成功し，情報が体系的に整備されてくると，所得や資産以外の要因によって我々の福祉水準がどのように左右されるかという点についても，解明が進むであろう．図 2.2 にも示しているように，自然資本，人的資本，社会関係資本の蓄積は，「集合的学習」を通じて知識，知恵，デザイン等の向上を促し，人々の生産性や創造性を引き上げることに貢献し，それを通じてイノベーションがおき，新しい産業の創出が図られる．それはひいては GDP を増大させ，人々の福祉水準の向上につながるという形で好循環を興すことも可能になるだろう．こうした新しい福祉増進のための経済政策についても，持続可能な発展指標の研究とともに，さらなる研究の進展が望まれる．

注

1) GDP 代替指標をめぐる議論に関する包括的なサーベイについては，林（2012）を参照のこと．

2) 世界銀行によって提案された「真正貯蓄」(genuine saving)は，これまでの経済的資本に加えて，自然資本と人的資本を取り込んで新の富を定量的に把握しようとしている (Hamilton and Clemens, 1999). 具体的な定義は，下記の通りとなる．

$$GENSAV = (GDS - D_P + EDU - \Sigma Rn, i - CO_2 Damage) / GDP$$

ここで，$GENSAV$ は真正貯蓄率を示し，$GDS$ は粗国内貯蓄，$D_P$ は人工資本の減耗，$EDU$ は教育投資支出，$\Sigma Rn, i$ は自然資本 $i$ の減耗(エネルギー資源，鉱物資源，そして森林資源を含む)の総計，そして，$CO_2 Damage$ は二酸化炭素排出による損害，$GDP$ は国内総生産である．

3) Ekins et al. (2003)ほか，同特集号の関連諸論稿を参照．

## 文献

植田和弘(2010)「福祉(well-being)と経済成長──持続可能な発展へ」『計画行政』第33巻第2号，3-9頁．
植田和弘(2010)「「環境と福祉」の統合と持続可能な発展」『彦根論叢』第382号，57-80頁．
大竹文雄・白石小百合・筒井義郎編著(2010)『日本の幸福度──格差・労働・家族』日本評論社．
倉増啓他(2010)「主観的幸福度指標と環境汚染──国内でのサーベイデータを用いた計量分析」『環境科学会誌』第23巻第5号，401-409頁．
経済審議会NNW開発委員会編(1973)『新しい福祉指標──NNW』大蔵省印刷局．
国立環境研究所(2009)『国立環境研究所特別研究報告──中長期を対象とした持続可能な社会シナリオの構築に関する研究』．
佐々木健吾(2007)「経済・社会・環境指標間の相互関係把握に関する分析──持続可能な発展への政策実施に向けて」『財政と公共政策』第29巻第1号，127-141頁．
佐々木健吾(2008)「持続可能な発展に関する合成指数の構築」『環境情報科学』第36巻第4号，66-76頁．
佐々木健吾(2010)「サステイナビリティはどのように評価されうるのか──弱い持続可能性と強い持続可能性からの検討」『名古屋学院大学論集，社会科学篇』第46巻第3号，135-157頁．
佐藤真行(2014)「「持続可能な発展」に関する経済学的指標の現状と課題」『環境経済・政策研究』第7巻第1号，23-32頁．
田崎智宏(2010)「持続可能な発展指標と社会関係資本」『環境情報科学』第39巻第1号，51-55頁．
林岳(2012)「GDPに代わる代替的なマクロ指標と政策への適用可能性──環境経済統合勘定(SEEA)と持続可能経済福祉指標(ISEW)を中心として」京都大学・上智大学・九州大学・農林水産政策研究所・名古屋学院大学『平成23年度環境経済の政策研究──持続可能な発展のための新しい社会経済システムの検討と，それを示す指標群の開発に関する研究 最終研究報告書』平成24年3月，187-205頁．
森田恒幸・川島康子(1993)「「持続可能な発展論」の現状と課題」『三田学会雑誌』第85巻第4号，532-561頁．
諸富徹(2003)『環境〈思考のフロンティア〉』岩波書店．

Azqueta, D. and D. Sotelsek (2007), "Valuing nature: From environmental impacts to natural capital," *Ecological Economics*, Vol. 63, No. 1, pp. 22-30.
Brand, F. (2009), "Critical natural capital revisited: Ecological resilience and sustainable development," *Ecological Economics*, Vol. 68, No. 3, pp. 605-612.

Daly, H. E. and J. B. Cobb Jr. (1994), *For the Common Good: Redirecting the Economy toward Community, the Environment, and a Sustainable Future*, 2nd ed., Boston: Beacon Press.

Deutsche Bank Research (2006), "Measures of well-being: There is more to it than GDP," *Current Issue*, September, pp. 1-10.

Diener, E. and K. Ryan (2009), "Subjective well-being: A general overview," *South African Journal of Psychology*, Vol. 39, No. 4, pp. 391-406.

Diener, E. et al. (2009), *Well-being for Public Policy*, New York: Oxford University Press.

Dodds, S. (1997), "Towards a 'science of sustainability': Improving the way ecological economics understands human well-being," *Ecological Economics*, Vol. 23, No. 2, pp. 95-111.

Easterlin, R. A. (1974), "Does economic growth improve the human lot? Some empirical evidence," in P. A. David and M. W. Reder (eds.), *Nations and Households in Economic Growth: Essays in Honor of Moses Abramovitz*, New York: Academic Press, pp. 89-125.

Ekins, P., C. Folke, and R. De Groot (2003), "Identifying critical natural capital," *Ecological Economics*, Vol. 44, No. 2-3, pp. 159-163.

Engelbrecht, H. J. (2008), "Average subjective well-being and the wealth of nations: Some insights derived from the World Bank's millennium capital assessment," Discussion Paper No. 08.04, Department of Economics and Finance, Massey University, Palmerston North, New Zealand.

Engelbrecht, H. J. (2009), "Natural capital, subjective well-being, and the new welfare economics of sustainability: Some evidence from cross-country regressions," *Ecological Economics*, Vol. 69, No. 2, pp. 380-388.

Ferrer-i-Carbonell, A. and J. M. Gowdy (2007), "Environmental degradation and happiness," *Ecological Economics*, Vol. 60, No. 3, pp. 509-516.

Hamilton, K. and M. Clemens (1999), "Genuine savings rates in developing countries," *World Bank Economic Review*, Vol. 13, No. 2, pp. 333-356.

MacKerron, G. and S. Mourato (2009), "Life satisfaction and air quality in London," *Ecological Economics*, Vol. 68, No. 5, pp. 1441-1453.

Moro, M. et al. (2008), "Ranking quality of life using subjective well-being data," *Ecological Economics*, Vol. 65, No. 3, pp. 448-460.

Nambiar, S. (2010), *Sen's Capability Approach and Institutions*, New York: Nova Science.

Nisbet, E. K. and J. M. Zelenski (2011), "Underestimating nearby nature: Affective forecasting errors obscure the happy path to sustainability," *Psychological Science*, Vol. 22, No. 9, pp. 1101-1106.

Nordhaus, W. D. and J. Tobin (1972), "Is growth obsolete?: The measurement of economic and social performance," *Studies in Income and Wealth*, Vol. 37, pp. 509-532.

OECD (2011), *How's Life?: Measuring Well-being*, Paris: OECD.

Rehdanz, K. and D. Maddison (2008), "Local environmental quality and life-satisfaction in Germany," *Ecological Economics*, Vol. 64, No. 4, pp. 787-797.

Ruta, G. and K. Hamilton (2007), "The capital approach to sustainability," in G. Atkinson, S. Dietz, and E. Neumayer (eds.), *Handbook of Sustainable Development*, Cheltenham: Edward Elgar, pp. 45-62.

Stiglitz, J. E., A. Sen, and J.-P. Fitoussi (2010), *Mismeasuring Our Lives: Why GDP Does't Add Up: Report by the Commission on the Measurement of Economic Performance and Social Progress,* New York: New Press.

Strange, T. and A. Bayley (2008), *Sustainable Development: Linking Economy, Society, Environment,* Paris: OECD Insights.

United Nations (UN) (2008), *Measuring Sustainable Development: Report of the Joint UNECE/OECD/Eurostat Working Group on Statistics for Sustainable Development.*

Vemuri, A. W. and R. Costanza (2006), "The role of human, social, built, and natural capital in explaining life satisfaction at the country level: Toward a National Well-Being Index (NWI)," *Ecological Economics,* Vol. 58, No. 1, pp. 119-133.

Welsch, H. (2002), "Preferences over prosperity and pollution: Environmental valuation based on happiness surveys," *Kyklos,* Vol. 55, No. 4, pp. 473-494.

Welsch, H. (2006), "Environment and happiness: Valuation of air pollution using life satisfaction data," *Ecological Economics,* Vol. 58, No. 4, pp. 801-813.

Welsch, H. (2009), "Implications of happiness research for environmental economics," *Ecological Economics,* Vol. 68, No. 11, pp. 2735-2742.

World Bank (2006), *Where is the Wealth of Nations? Measuring Capital for the 21st Century,* Washington, D. C.: World Bank.

# 第3章 国際貿易・投資の自由化と環境保全

大東 一郎

## はじめに

「グローバル社会は持続可能か」を考えるとき，世界各国の間の貿易や国際投資と環境保全との間にどのような関係があるのかを理解することは，きわめて重要である．本章では，その理解を深めるうえで重要となるテーマについて展望と考察を行おう．3.1節では，貿易自由化の環境への影響を分析するための標準的な手法を説明し，代表的な実証研究のポイントをみる．そして，直接投資の環境への影響をみる際にどのような視点を持つべきかを説明する．3.2節では，逆に，環境政策が国際貿易・投資に及ぼす影響を考察する．環境ダンピング，国際競争力仮説，戦略的環境政策，直接投資に係る「底辺への競争」，環境保全目的の貿易制限とGATT／WTOルールとの関係といった重要な論点について簡潔な解説を行いつつ，貿易理論・政策論を基礎として考察を加えよう．

3.3節では，地球環境を支える森林，魚群，土壌などの再生可能資源が貿易利益にどのような影響を与えるかを検討する．また，貿易自由化による資源管理制度の内生的選択についても基本的な考え方を説明する．3.4節では，2000年代に進展した都市失業のある発展途上国での貿易・国際資本移動と環境保全に関する研究を，都市失業の存在により環境政策がいかに修正されるかという観点から展望する．なお，多くの研究が行われている地球温暖化と国際貿易・投資（国境税調整を含む）というテーマは，本シリーズ第2巻で取り上げるので，本章では扱わない．

## 3.1　国際貿易・投資から環境へ

　国際貿易・投資はどのような経済的メカニズムによって環境汚染に影響を及ぼすのだろうか．最も単純な理解は，国際貿易・投資の自由化が実質所得を増加させることから，環境クズネッツ曲線を基礎として，所得水準が低いとき環境は改善するがそれが十分高いとき環境は悪化するとする考え方である．だが，環境クズネッツ曲線は，汚染の種類や測定方法に依存して成立することもしないこともある．また，実質所得の増加とともに国民の環境意識が高まることなど，暗黙裡に多様な要因を含んでいる．それゆえ，国際貿易・投資が環境汚染に及ぼす影響を解明するためには，これよりも分析的に明瞭かつ厳密な接近方法が必要である．

　そうした接近方法として，貿易自由化の環境影響を規模効果，構造効果，技術効果の3つに分解して理解する方法が知られている．これら3効果への分解は，Grossman and Krueger (1993) が北米自由貿易協定の環境影響の研究 (pp. 14-15) で用い，Copeland and Taylor (1994) が理論モデルを基礎に定義して以来，多くの研究で活用されてきた．本節では，これら3効果への分解を図解により説明し，代表的な実証研究を展望する．さらに直接投資の環境影響を考える視点を提示する．

### 3.1.1　貿易自由化の環境に対する影響

　はじめに，貿易自由化が自国の環境汚染に与える規模効果，構造効果，技術効果とは何か，説明しよう．

　第1に，規模効果とは，貿易開始に伴い汚染集約財の生産量が増加することにより汚染発生量が増大する効果である．この効果は，他の条件が一定であれば，汚染排出量を増加させる．第2に，構造効果とは，汚染集約財と非汚染財の生産量の組み合わせ（産業構成）が自給自足状態から変化することを通じて一国の汚染排出量が変化する効果である．これによれば，自国が汚染集約財を輸出（輸入）する場合には，汚染排出量は増加（減少）する．自国が輸出国，輸入国のどちらになるかは，自国の比較優位の構造や環境政策に依存して決まるから，

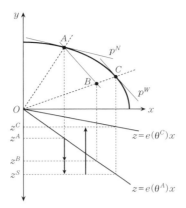

**図 3.1** 貿易自由化の環境に対する 3 つの効果(汚染集約財輸出国の場合)
出典) Antweiler et al. (2001), p. 885, Figure 1 を修正.

構造効果によって汚染排出量が増加するか減少するかは，一般に明確ではない．

第 3 に，技術効果とは，貿易自由化により実質所得が増加する結果，より良い環境への需要が高まる(環境の質は正常財と仮定)ため環境政策が強化され，一国の汚染排出量が減少する効果である．すなわち，所得の増加により消費者の環境意識(選好)が変化し，より厳しい汚染規制や環境政策が採用されるため，企業は排出量を減らす活動や汚染集約度の低い財・サービスの研究開発・生産活動を活発にする．これにより汚染排出量は減少すると考えられる[1]．

貿易自由化の環境汚染への影響を，これら 3 効果への分解を図解することによって具体的に説明しよう．汚染集約財(資本集約財)$x$ と非汚染財(労働集約財)$y$ を生産・消費しうる一国の完全競争経済を考え，Antweiler et al. (2001, p. 885)の図を若干修正して説明する．

図 3.1 の上半分に，この経済の生産可能性曲線($PPF$)が原点に対して凹の曲線 $AC$ として描かれている．自給自足均衡点 $A$ での $PPF$ の接線の傾き(の絶対値)は，汚染集約財 $x$ の自給自足の均衡相対価格 $p^N$ を表す($p^N$ 線は $PPF$ と消費者の無差別曲線との共通接線となるが，図を簡明にするため無差別曲線は省略している)．他方，下半分には財 $x$ の生産による汚染排出量 $z$ が示されている．自給自足状態での環境政策(ないしその下での企業の汚染除去活動の水準)がパラメータ $\theta^A$ で表されるとしよう．この政策下で企業が財 $x$ を 1 単位生産するときの汚

染排出量(排出係数)が $e(\theta^A)$，汚染排出関数が生産量 $x$ の線形関数であると仮定すると，自給自足均衡での汚染排出量は $z^A$ となる．

さて，自国(小国と仮定)で貿易が自由化されたとする．国際市場での財 $x$ の相対価格 $p^W$ が $p^N$ より高いとすると，貿易均衡は国際相対価格線 $p^W$ が $PPF$ に接する点 $C$ となる．点 $A$ から点 $C$ への移行を3つの効果に分解するため，点 $A$ を通り傾きが $-p^W$ の直線が半直線 $OC$ と交わる点を $B$ とする．これより，点 $A$ と点 $B$ は国際価格で測って同じ大きさの所得に対応する．点 $A$ から点 $B$ への変化は，実質所得を一定として2財の生産比率 $(y/x)$ が傾き $OA$ から傾き $OB$ に変化する効果を表す．これが構造効果である．また，点 $B$ から点 $C$ への変化は，2財の生産比率 $(y/x)$ が一定の下で実質所得が増大する効果を表す．これが規模効果である．この図は自国が汚染集約財 $x$ を輸出する場合を示しているので，構造効果により汚染排出量は $z^A$ から $z^B$ に増加する(逆に自国が財 $x$ を輸入する場合は構造効果により汚染排出量は減少する)．他方，規模効果によっては $z^B$ から $z^S$ に増加する．

さらに図の下半分は，技術効果を示している．実質所得の増大により環境政策が強化され，パラメータ $\theta^A$ が $\theta^C$ に変化するため排出係数が $e(\theta^C)$ に低下し，汚染排出関数が $z$ の減少する方向(図では上)にシフトする[2]．これにより，自由貿易均衡での汚染排出量は $z^C$ となり，技術効果によって汚染排出量は $z^S$ から $z^C$ に減少することがわかる．

結局，貿易が自由化されたとき，汚染排出量は規模効果により増加，自国が汚染集約財の輸出(輸入)国なら構造効果により増加(減少)，技術効果により減少する．総合的な効果は3つの効果を合わせて決まることになる．

### 3.1.2 要素賦存仮説・汚染規制逃避地仮説

上でみたように，構造効果は自国が汚染集約財の輸出国か輸入国かに依存して方向が分かれるが，自国がそのどちらになるかは比較優位の原理で決まる．

一般に各国の比較優位は生産技術，要素賦存などの要因で規定される．環境汚染がある状況でも，ヘクシャー・オリーン定理に従って国際分業パターンを予測するのが，「要素賦存仮説」である．つまり相対的に資本(労働)豊富な国は資本(労働)集約財の生産に特化すると考えるのである．資本集約財は汚染集

約財でもあることが多いので，貿易自由化により，資本(労働)が豊富な先進国(発展途上国)では汚染集約財(非汚染財)産業が拡大し，汚染排出量が増加(減少)する．したがって，「要素賦存仮説」によれば，先進国では汚染集約財産業が大きな比率を占めるという結論になる．

それに対して，環境(汚染)規制それ自体も汚染集約財産業の比較生産費に影響を与える点を明示的に考慮するのが，「汚染規制逃避地仮説」(pollution haven hypothesis)である[3]．これによれば，環境規制の厳しい国は，汚染集約財の比較生産費が高くなるため，汚染集約財の生産に比較劣位をもつ傾向がある．さらにこの仮説では，環境規制が直接投資に影響する点も重視され，汚染集約財を生産する企業は，環境規制の厳しい先進国に立地するとコスト面で不利になるため，それが緩い発展途上国に直接投資を行う傾向をもつと考える．したがって，「汚染規制逃避地仮説」からは，環境規制の厳しい先進国では汚染集約財産業が小さな比率を占めるという，「要素賦存仮説」とは逆の結論が導かれるのである．どちらの仮説の現実妥当性が高いかは，実証的に検討されるべき課題である．

### 3.1.3 実証研究

貿易自由化の環境影響を3効果に分解して調べる先導的研究に，Antweiler et al. (2001)がある．彼らは，二酸化硫黄($SO_2$)濃度のデータで，構造効果による$SO_2$濃度への影響は比較的小さいこと，規模・技術効果と合わせて考えると，貿易自由化により1人当たり GDP が1% 増加するとき $SO_2$ 汚染濃度は約1% 低下することを報告している．つまり，貿易自由化は環境を改善するのである．また，彼らは，貿易フローの決定因は要素賦存であるとする実証研究の例を挙げ，「汚染規制逃避地仮説」に疑問を呈している(p.877)．

これを受けて Cole and Elliott(2003)は，汚染濃度(集約度)だけでなく1人当たり排出量のデータを用いて，$SO_2$のほか二酸化炭素($CO_2$)，水質汚濁指標(BOD)，窒素酸化物($NO_x$)について，構造効果に影響しうる要素賦存と環境規制の強さをそれぞれ「資本労働効果」と「環境規制効果」として取り入れた実証分析を行った．彼らは$SO_2$排出量について構造効果は小さい(要素賦存と環境規制の効果が減殺し合うと解釈)ことを示すとともに，汚染源が複数存在する場合，

貿易自由化の環境影響は汚染の種類に応じても異なり複雑になるとの重要な結果を得た．これは，自由貿易により比較優位(劣位)産業が集約的に排出する汚染が増加(減少)するためと解釈できるであろう．また，Frankel and Rose (2005)は，貿易が所得や環境の質と同時に内生的に決まる点を考慮に入れても，貿易が環境を改善するという結果は変わらないことを示している．

こうした分析を拡充した Managi et al. (2009)は，$SO_2$ と $CO_2$ について 1973-2000 年の 88 か国，BOD について 1980-2000 年の 83 か国のデータ(発展途上国を含む)を用い，貿易自由化が環境を改善するかは汚染物質の種類と国ごとに異なることを明らかにした．主な結果として，貿易自由化により，BOD は OECD 諸国でも非 OECD 諸国でも減少するが，$SO_2$ と $CO_2$ の排出は非 OECD 諸国では増加するのに対して OECD 諸国では減少することを見出した．また，すべての汚染物質について「環境規制効果」が「資本労働効果」より大きい傾向があるとしている．これは Antweiler et al. (2001)とは逆に，「要素賦存仮説」より「汚染規制逃避地仮説」の方が支持されることを示唆するものである．

### 3.1.4 直接投資の環境への影響

上の「汚染規制逃避地仮説」で，環境規制の緩い国には外国企業の直接投資が多く流入する可能性があることをみた．外国直接投資は，受け入れ国の環境を悪化させることも改善させることもありうる．ここではその具体例を参照しつつ，直接投資の環境影響をみる際の考え方を述べておこう．

まず，直接投資(多国籍企業)が受け入れ国で環境を悪化させた事例は古くから報告されている．例えば，三菱化成が出資し 1982 年に操業を開始した鉱石精製会社マレーシア ARE(エイシアン・レア・アース)は，放射性物質トリウムが廃棄物として生じることを知りつつ環境アセスメントを行わず，また保管方法が杜撰だったために，住民を被曝させ健康被害を及ぼしたとされている(日本弁護士連合会公害対策・環境保全委員会，1991，48-60 頁)．また，アメリカのユニオン・カーバイド社がインドのボパール市に設立した現地法人が，1984 年に農薬製造工場で強い毒性をもつイソシアン酸メチルを漏出させ 5 万人といわれる健康被害者を出した例もある(同前，85-86 頁)．

では，こうした環境汚染を生む直接投資を規制(禁止)するべきであろうか．

それは環境汚染が直接投資を本質的な原因とするかどうかに依存する．バグワティの政策割当原理によれば，一般に，「いかなる単一の市場の失敗に対しても，その補正で目指される経済活動水準に対して直接働きかける金銭的誘因供与政策が最善の政策である」(石川・奥野・清野，2007，144 頁)．もし問題となる環境汚染が直接投資の本質(例えば，経営資源の国際移動)に起因するものであれば，最善政策(first best policy)は直接投資の規制である．だが，受け入れ国(発展途上国)の政府が環境汚染やその防止に関する正確な情報を入手・理解できないことで適切な環境規制が施行できないために，受け入れ国での環境基準を遵守している外国企業が(有害と知りつつ)汚染を引き起こしているのであれば，直接投資規制は最善政策ではない．なぜなら，根本的な原因は外国企業と受け入れ国政府の間の情報の非対称性にあるからである．つまり，政府は汚染の被害やその防止に関する情報を収集・分析するための費用を負担できないがゆえに緩い環境規制を実施している．この情報の不完全性をそのままにして直接投資を禁止しても，不十分な環境規制の下で現地企業が操業すれば同様の環境汚染が生じるであろう．この場合の最善政策は，例えば先進諸国が環境評価・保全に役立つ知識や技術を発展途上国政府に提供(情報費用を軽減)することで彼らが環境規制を厳しくするよう誘導することであろう．

　上記とは逆に，直接投資の流入は受け入れ国の環境を改善する面もある．先進国からの直接投資企業が，厳しい環境規制や先進国の国民の高い環境保護意識に応えられる経営能力をもつ場合，発展途上国での操業を通じて環境保全的な生産技術・経営ノウハウが発展途上国の国民や企業に伝搬・移転され，受け入れ国の環境保全に貢献する可能性がある．日本企業が公害に対処した経験や知識，省エネルギー技術を進出先のアジア諸国などに伝える例が考えられよう．

## 3.2　環境政策から国際貿易・投資へ

　前節では，主に国際貿易・投資の自由化が環境に影響を及ぼす側面を考察した．本節では，逆に，各国の環境政策が貿易や国際投資に影響を及ぼす側面をみていこう．

### 3.2.1　国際競争力仮説

各国の環境政策が国際貿易・投資に及ぼす影響を考察するためのひとつの視点は，上述の「汚染規制逃避地仮説」で与えられた．もうひとつの重要な視点として，「国際競争力仮説」を取り上げよう．これによれば，厳しい環境規制は当該国の国際貿易・投資を抑制する側面と促進する側面がある．

第1に，環境規制の厳しい国では，汚染集約財の輸出企業・産業の生産費用が高くなるためそれらの国際競争力が低下する．これにより，当該産業で既存企業の輸出や新規企業の設立・海外進出が減少し，貿易や国際投資が抑制されることが考えられる．こうした考慮から，自国企業の国際競争力を低下させないよう，自国政府が自国の汚染集約財生産企業の負担する私的限界費用が社会的限界費用より低くなるような緩い環境規制を採用する可能性が指摘されている．この「環境ダンピング」と呼ばれる現象は，国際競争力への考慮から生じる点で閉鎖経済では生じえないものであり，自国政府が最適環境政策の採用に失敗する開放経済に特有の原因を摘示している点で注目に値する．石川・椋・菊地（2013, 274頁）は，その例として1991年に導入されたスウェーデンの炭素税で産業用燃料使用に減税措置が採用されたことを挙げている．

ただし，完全競争の下で自由貿易が行われる場合には環境ダンピングは生じないことに留意しておこう．なぜなら，この場合資源配分上の歪みは国内環境汚染の外部不経済のみなので，それを不完全にしか補正しない緩い環境規制の下では自国の経済厚生は（それを完全に補正する最適環境規制の下でより）必ず低くなるからである．さらに自国が大国であれば，国内環境規制の緩和により汚染集約財の輸出が伸長すると，その国際価格が低下（交易条件が悪化）しさらに経済厚生は低下するから，自国政府にこれを行う誘因はない[4]．実際，自由貿易の下では，汚染集約財を輸出する大国の経済厚生を最大化する国内環境税率はピグー税率より高くなる．なぜなら，輸出を抑えて交易条件を改善し厚生を高める効果を環境税に追加的に担わせる必要があるからである（例えば，山下，2011, 第6章を参照）．したがって，環境ダンピングはむしろ不完全競争（寡占）市場で企業の国際競争が行われる状況で重要となる現象といえよう．

第2に，各国の厳しい環境規制は，企業に技術革新のインセンティブを与え

その国際競争力を強化する動学的効果を通じて，自国企業の貿易・投資を促進するという考え方もある．この考え方(「ポーター仮説」)によれば，自国政府が厳格な環境規制を適切な形で設計すれば，自国企業が環境規制のコスト負担を吸収できるだけの生産性の改善を達成する「技術革新による相殺」(innovation offsets)効果が生じるとともに，同様の環境規制を課されていない外国企業に対して絶対優位をもちうるとされる(Porter and Linde, 1995, p.98)．この仮説の含意として重要なのは，厳しい環境規制により環境保全に役立つ新たな技術・生産方法や財・サービスが生み出されて国際的に利用されるようになり，当該国の貿易・投資が伸長するだけでなく世界の環境保全も進展すると期待される点である．1970年当時に世界で最も厳しい排ガス規制といわれたアメリカのマスキー規制の基準を満たすCVCCエンジンをホンダが開発し，アメリカの自動車メーカーもそれを採用した事例は，その好例とされている(石川・椋・菊地，2013，277頁)．

### 3.2.2　国際寡占の下での戦略的環境政策

各国の環境政策が国際貿易・投資に影響を与える状況でとくに興味深い問題は，企業が国際的な寡占競争や立地選択を行うときに生じる．国際貿易市場が寡占的であれば，企業は限界費用を上回る価格を設定し正の超過利潤を得る．各国政府は，環境政策を使って国際寡占市場での競争環境を自国企業に有利な方向に変化させ，外国企業の利潤を自国企業に移転させることで，自国の経済厚生を高めることができる．こうした政策は「戦略的環境政策」と呼ばれ，1980年代以来の戦略的貿易政策の議論を環境政策に援用したものといえる．そこで，はじめに戦略的貿易政策の考え方を最も基本的なブランダー=スペンサーモデルで示し，それを環境政策に援用する説明を行おう．

自国企業1と外国企業2が第三国市場でクールノー型複占競争を行うモデルを考える．これは，各企業 $i(i=1,2)$ がお互いに他国企業の生産量 $x_j (j \neq i)$ を予測して自社の利潤を最大にする生産量 $x_i$ を選ぶような非協力ゲームである．消費者は第三国だけに存在し，両企業の生産量はすべて第三国市場に輸出される(生産政策と貿易政策は同一視できる)．このモデルは2段階ゲームであり，第1段階で自国政府が輸出政策を選択し，第2段階ではそれを観察した後で両企業

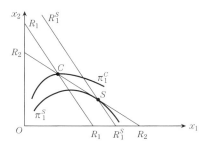

**図 3.2** ブランダー=スペンサーモデルでの戦略的輸出補助金政策
出典）筆者作成.

が生産量を選択する．まず第 2 段階での複占均衡は，**図 3.2** の自国企業の反応曲線 $R_1R_1$ と外国企業の反応曲線 $R_2R_2$ との交点 $C$ である．図示された上に凸の曲線 $\pi_1^C$ や $\pi_1^S$ は自国企業の等利潤線であり，反応曲線 $R_1R_1$ 上で水平な接線をもつ．等利潤線は，自国企業の利潤の値を与えるとそれに応じて 1 本ずつ描ける．外国企業の生産量が小さいほど自国企業の市場シェアは大きいから，図中で低い位置にある等利潤線ほど自国企業の利潤は大きい．

第 1 段階では，複占均衡が第 2 段階で成立することを考慮に入れて自国政府が自国の経済厚生を最大化するように輸出政策を決定する．この単純なモデルでは自国の厚生は自国企業の利潤に等しいから，自国の厚生が最大となる状態は，外国企業の反応曲線を所与として自国企業の利潤が最大化される点 $S$ で示される．自国政府は，点 $S$ がクールノー複占均衡として達成されるように，自国企業の反応曲線 $R_1R_1$ を $R_1^SR_1^S$ まで上にシフトさせるような輸出政策を行うはずである．そのためには，外国企業の生産量 $x_2$ が一定の下で自国企業が生産量 $x_1$ を増加させるように誘導する必要があるから，政府の最適政策は自国企業の輸出への補助金となる．この輸出補助金政策（補助金の原資は民間から一括税で徴収される）により，市場の競争環境が自国企業に有利な方向に変化し，クールノー複占均衡が点 $C$ から点 $S$ に移動するため，自国の厚生＝利潤は $\pi_1^C$ から $\pi_1^S$ に高まっている．

周知のように，輸出補助金は GATT/WTO ルールで原則として禁止されている（GATT 第 16 条）．だが，自国政府は，国内環境規制を緩和（汚染税率をピグー税率より低く設定）することで自国の汚染集約財輸出企業に輸出補助金を供与

するのと同様の効果を生み出せる．この戦略的環境政策の下で，自国企業は汚染排出の社会的限界費用を下回る(税込みの)私的限界費用で汚染集約財を輸出するので，これは環境ダンピングにほかならない．自国の最適貿易政策が輸出補助金となるための前提は，第1に，政府の政策決定が企業の意思決定より先に行われ市場の競争環境を変化させられること，第2に，企業間に戦略的代替関係がある(外国企業が生産量を増加させると自国企業は生産量を減少させる)ことである．国際寡占市場や政策決定においてこれらの条件が満足されるなら，現実に環境ダンピングにより最適環境政策が採用されない事態が生じうるのである．さらに，外国政府も同様の戦略的環境政策を行うことが考えられる．環境ダンピングが生じる状況では，両国政府が相手国からの利潤移転を狙って互いに環境規制を緩め合う「底辺への競争」(race to the bottom)が生じる可能性がある．ただし，この隠れた輸出補助金政策が「偽装された保護主義(貿易制限)」と見做されるならば，GATT/WTO の下でも行うことはできない(GATT 第20条)．

また，企業間に戦略的補完関係が存在する場合には自国の最適政策が輸出税となることも知られている．これに対応する自国政府の戦略的環境政策は，国内環境規制を強化(汚染税率をピグー税率より高く)する政策となる．外国政府の反応も考慮すれば，各国が環境規制を強化し合う政策競争が生じる可能性もある．

### 3.2.3 環境政策と企業・工場の立地選択

上の議論では，企業・工場の立地は固定されていた．ここではさらに，企業が国際的な立地選択を行うことを考慮に入れて，各国の環境政策が直接投資に及ぼす影響を，石川・奥野・清野(2007)を基礎にして考えてみよう．

汚染集約財生産企業が国際的に工場立地を選択する場合，各国政府の課す汚染税も企業のコストに算入される．他方，各国政府にとっては企業が自国内に立地すると環境汚染が増大する反面，汚染税収が得られる．もし汚染が越境的あるいは地球規模的であれば，企業がどの国に立地しようとも汚染の外部不経済は各国に類似した影響を与えると考えられる．このとき，各国政府は汚染税収の獲得に相対的に強い関心をもち，自国に立地する企業が多いほど大きな汚染税収が得られると期待して，企業誘致のために汚染税率を切り下げるかもし

れない．各国政府がこうした行動に出れば，直接投資を呼び込むために環境規制の「底辺への競争」が生じる可能性がある．

だが，直接投資に係る「底辺への競争」は必ずしも深刻な懸念とならないかもしれない．第1に，それが起きるかどうかは，企業の立地選択と各国政府の汚染税率決定のタイミングにも依存する．もし企業の立地選択が各国政府の汚染税率決定より前に行われるならば，企業は各国政府が選ぶであろう(厚生を最大化する)汚染税率を予測しそれが最も低い国に立地する．このとき，政府が環境規制を緩めて直接投資を呼び込む余地はない．「底辺への競争」が起きるのは，各国政府の汚染税率の決定が企業の立地選択より前に行われ，かつそれが事後的に変更できない場合に限られる．第2に，上の議論では各国の汚染税率がそのまま企業のコストを高めると想定した．だが，企業は汚染集約度のより低い財の生産にシフトすることにより高い汚染税率に適応しようとすることもある．このとき，企業が高い汚染税率を避けることを第一に立地を選択するとは限らない．そうであれば，各国政府が環境規制を緩める政策競争を始めるとは限らないであろう．実際，諸富・浅野・森(2008, 238頁)は，直接投資に係る「底辺への競争」の例は少なくなっている(例外は鉱山開発である)ことを指摘している．

### 3.2.4 GATT/WTOルールとの関係およびパネル裁定の評価

ワシントン条約などの多国間環境協定にもみられるように，環境保全目的の貿易制限が行われることがある．GATT/WTOは無差別・内国民待遇の原則の下で多角的な自由貿易の推進を標榜しているが，WTOに「貿易と環境に関する委員会」(CTE)が設けられるなど，貿易と環境との調和にも配慮を示す面をもっている．自由貿易の「一般的例外」を規定するGATT第20条は，(b)「人，動物又は植物の生命又は健康の保護のために必要な措置」および(g)「有限天然資源の保存に関する措置」を，正当と認められない差別的待遇の手段または国際貿易の偽装された制限とならないことを条件に認めている．

この例外規定を経済学の観点からみるとき注意すべき点は，国内環境を保全する目的にとって貿易制限は最善政策ではないということである．バグワティの政策割当原理を想起すれば，環境悪化が国内の生産(消費)活動から生じる場

合には，それに直接的に作用する国内生産（消費）税と自由貿易の組み合わせが最善政策である．つまり，環境保全目的での貿易制限はたかだか次善の政策であり，最善政策が採用できない合理的な理由がある場合にのみ正当化されると考えるのが適切である．

そうした場合として，外国に環境悪化の原因があり自国政府がそれを直接的に補正する政策手段をもたない状況では，貿易制限により外国が環境悪化を減らすように間接的に誘導する政策が正当化できる可能性がある．だが，現実のGATT/WTOではこうしたケースでも貿易紛争が生じ，パネル（紛争小委員会）の設置・裁定や上訴委員会の判断が下された事例が知られている．

代表的な例には，1991年，1994年のツナ・ドルフィン事案，1998年のシュリンプ・タートル事案がある（岩田，2005；天野，2006；阿部・遠藤，2012などを参照）．前者では，アメリカが海洋哺乳動物を保護する国内法にもとづきイルカ混獲漁法によるメキシコからのマグロの輸入を禁止した措置について，マグロという「同種の産品」の輸入に対し生産過程・生産方法（PPM）の違いを理由に差別的な扱いをすることはGATT規定違反であるとのパネル裁定が下された．後者では，アメリカが絶滅の危惧されるウミガメを混獲するエビの底引き網漁法を国内法で禁止し，認証を受けた国以外からのエビの輸入を禁止した措置について，上訴委員会でGATT第20条(g)に合致し容認できるとされた．類似した2つの貿易制限の事案で（国際法の解釈を含む一定の理由があるにせよ）逆の裁定・判断が下されたという事実は，パネル裁定や上訴委員会決定の根拠を貿易政策理論の観点から評価し直すことに一定の意義があることを示唆するように思われる．

WTOパネルの裁定を貿易政策理論の観点から評価する研究は少なく，現時点で包括的な結論を得るのは難しい．そこで，タイのタバコの輸入制限（1990年）とカナダの未加工サケ・ニシンの輸出制限（1987年）のパネル裁定（いずれもアメリカが提訴）に関する佐竹（2008）の論考に従って，具体的に論点を摘出しておこう．

まず，タバコの輸入制限についてパネルは，タイ国民の健康保護のために「必要な措置」とまでは言えないため，第20条(b)のケースとして正当化できないと結論づけた．ここで，「必要な措置」であるとは「合理的に利用可能な

貿易制限的でない代替的措置が存在しない」ことを指し，材料開示や広告規制などタバコの質と消費量を管理する貿易制限的でない代替的措置は存在するとした．つぎに，未加工サケ・ニシンの輸出制限についてパネルは，カナダが加工済みサケ・ニシンの輸出を禁止していないこと等からサケ・ニシンという有限天然資源の保護が「第一の目的」になっているとはいえないとして，第20条(g)による正当化を認めなかった．

　これらのうち，「合理的に利用可能な貿易制限的でない代替的措置が存在しない」という要件は，政策割当論での次善政策の考え方と符合するように思われる．だが，「第一の目的」であるべきという要件は，貿易政策理論の観点からは適切とはいえない．仮にカナダ政府が加工済みと未加工のサケ・ニシンの双方に輸出制限を課しその保護を「第一の目的」とする形を採ったとしても，他の政策手段(例，アメリカとカナダが漁獲量制限協定を締結する等)でより効率的に(小さな社会的費用で)同じ保護を達成できるなら，輸出制限を認めることは不必要な社会的費用をもたらす点で問題である．政策の意図よりは，手段としての効率性を中心に要件を定める視点が重要であるように思われる．

## 3.3　再生可能資源と特化・貿易利益・資源管理制度

　1990年代後半以降，農地，森林，漁場，牧草地，水源などオープンアクセスの下にある再生可能資源と生産特化や貿易利益との関係がBrander and Taylor(1997, 1998)モデルを標準的枠組みとして研究されている．本節では，その研究のエッセンスをCopeland(2005)の簡明な図解を用いて説明し，再生可能資源と貿易利益の関係，資源管理制度の役割を考える．

### 3.3.1　オープンアクセス下の再生可能資源と短期の貿易利益

　工業品$M$と資源財$H$のある一国経済を考える．$M$財は1単位の労働から1単位生産される．$H$財の生産は労働量($L_H$)に比例するが，労働生産性は資源ストック量$S$に比例する(生産関数は$H = aSL_H$, $a>0$)としよう．資源ストック$S$は，所有者が確定できない(確定できても法的強制力が欠ける)ために誰でも自由に利用できるオープンアクセスの状態にあり，$H$財生産企業は労働費用の

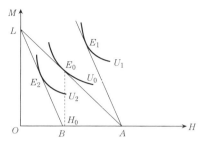

図 3.3 再生可能資源と貿易利益
出典) Copeland(2005), p.8, Figure 6 にもとづく.

みを負担する.そのため,労働人口($L$)が不変であるとすると,一定の資源ストック量 $S_0$ の下での短期 PPF は図 3.3 の直線 $LA$ となる.点 $A$ は $H$ 財生産に全人口を投入した最大可能生産量($aS_0L$)を表し,資源ストック量 $S_0$ にも依存する.自給自足均衡はこの PPF と代表的消費者の無差別曲線 $U_0$ が接する点 $E_0$ である.$H$ 財の均衡生産量は $H_0$,均衡相対価格 $p_0$ は PPF の傾き(の絶対値)に等しい.

$H$ 財の国際相対価格 $p_1$ が $p_0$ より高いとき貿易が開始されたとしよう.短期の生産点は点 $A$ に移り,自国は $H$ 財の生産に完全特化する.消費者は点 $A$ を通り傾きが $-p_1$ の直線を予算線として消費点 $E_1$ を選ぶので,効用は $U_0$ から $U_1$ に上昇する.これが短期的な貿易利益である.

### 3.3.2 再生可能資源ストックの変動と長期の貿易利益

時間が経過すると,資源ストック $S$ は自然再生力により増加するが,$H$ 財生産に投入される分だけ減少する.短期の $H$ 財生産は $H_0$ から点 $A$ に増加したので,$S$ は $S_0$ から減少し始める.新たな定常状態での資源ストック量を $S_1$ とし,再生可能資源に特有の結果を鮮明に示すため不完全特化が維持されると考えよう.新しい長期均衡は,新しい短期 PPF の傾きが $-p_1$ に等しくなる点 $E_2$ となり,効用は $U_1$ から $U_0$ より低い $U_2$ に低下する(点 $B$ が $aS_1L$ を表す).つまり,不完全特化が維持される場合には,貿易後の定常状態での経済厚生は自給自足状態より必ず低くなるのである.もし時間割引率が十分に小さければ,割引現在価値でみても長期の厚生損失が優越し,自由貿易の下では自給自足均

衡を維持する場合より低い経済厚生しか得られない．なお，自国が新たな定常状態で資源財に完全特化するならば，賃金上昇も厚生改善に貢献するため，正の貿易利益が残る蓋然性は高くなる(詳しい解説は，董・寶多(2010)を参照)．

このように，オープンアクセス下にある再生可能資源を利用する経済では，長期の貿易利益が資源ストックの変動により重要な影響を受ける．これまで小国貿易モデル，2国モデルの分析が行われてきたが，最近は資源が国際的に共有されるケースについても研究が進んでいる(Takarada et al., 2013)．

### 3.3.3 再生可能資源の管理制度の役割

オープンアクセス資源の研究から進み，Chichilnisky(1994)は，資源の所有権制度が確立したNorthとそれが未発達なSouthの間では所有権制度の違いにより貿易が生じることを明らかにした．資源がオープンアクセス下にあるSouthでは，費用を負担しない主体も資源を利用できるという外部不経済が働くため，資源財の生産は過大となる．これはあたかもSouthが資源豊富国であるかのような効果を生じさせる．この見かけ上の要素賦存にもとづく比較優位により，Southは資源財の輸出国となり，Northから工業品を輸入するのである(Northでは逆の関係が生じる)．さらにChichilnisky(1994)は，Southでの資源利用に課税するとその過剰利用を促進する可能性があるので[5]，むしろ所有権制度の確立を図る方が効果的としている．

これ以降，資源管理制度に注目する研究が現れ，Chichilnisky(1994)で外生的とされた管理制度の違いを内生化する研究も進んでいる(Bulte and Barbier, 2005; Copeland, 2005; Copeland and Taylor, 2009)．その基本的考え方を，Copeland(2005)の議論を修正しつつ図3.3(前掲)により説明しよう．

資源の完全な管理制度が確立していれば，貿易開始後の資源ストックの長期的減少を防ぐべく，H財企業は貿易前の生産量$H_0$を維持することができる．その場合には資源ストック水準$S_0$も変化せず，貿易後に自国は点$E_1$を達成できる．貿易開始に伴い自国がオープンアクセスから完全な資源管理制度に移行するなら，$U_1-U_2$だけの効用の(潜在的)増加が得られる．完全な管理制度を確立(して資源利用)するための費用が効用単位で$E$であれば，$U_1-U_2>E$のとき完全な資源管理制度が確立されるであろう．

このようにして，自給自足状態では資源をオープンアクセス下で利用していた経済が，貿易開始に伴い資源管理制度を確立することを内生的に説明することができる．また，資源財の国際相対価格 $p_1$ が低くなると，$U_1$ はより低く $U_2$ はより高くなるので $U_1-U_2$ は縮小する．これは，資源財の国際相対価格の低下で資源管理制度が崩壊し，資源がオープンアクセスの状態になる可能性を示唆している[6]．国際貿易による資源管理制度の内生的決定は，近年，重要な研究テーマのひとつとなっている(Copeland, 2014)．

## 3.4 都市失業のある発展途上国における国際貿易・投資と環境保全

都市工業の伸長により経済成長を達成した発展途上諸国の中には，深刻な国内環境汚染が進んでいる国々も少なくない(Beghin *et al*., 2002, pp.5-10)．だが，工業汚染の規制は都市工業の成長を抑制し貧困削減を妨げる恐れがある．2000年代には，途上国で貧困削減と都市の工業汚染規制が両立するための条件や望ましい環境政策を追究する研究が，最低賃金の施行される都市に失業が存在するような発展途上国の農村・都市二重経済モデル(Harris and Todaro, 1970)に環境要因を取り入れる形で進展した．本節では，国際貿易・投資と環境の関係に焦点を絞り，これらの研究をおもに都市失業の存在により環境政策がいかに修正されるかという観点から展望する．

### 3.4.1 国際貿易・工業汚染・都市失業の政策分析の考え方

この系譜の研究では，都市工業での汚染規制政策が貿易・投資や都市失業といかに相互作用するかを厳密に分析することがポイントになる．そうした分析は，おもに次善最適政策(second best policy)論と漸進的政策改革(piecemeal policy reform)論を基礎に行われてきた．前者は，すでに資源配分上の歪み(都市失業)が存在する経済で経済厚生を最大にする政策(汚染税率)を求める分析，後者は，現在の経済状態から政策をわずかに強化したとき経済厚生が改善されるための十分条件を求める分析である．

### 3.4.2　国際貿易・都市失業と次善最適な環境政策

まず，次善最適政策の研究の嚆矢は，貿易による熱帯雨林破壊を考察したDean and Gangopadhyay(1997)である(Chao et al., 2000 も参照)[7]．彼らは，農村生産物(木材)が輸出財(材木)を生産する都市工業に中間財として投入される垂直連関のある小国貿易モデルで，森林破壊の原因となる中間財(木材)生産への(次善)最適な生産(輸出)税が，短期(農村・都市工業の部門間資本移動なし)では環境の限界損失価値より低くなるのに対して長期(部門間資本移動あり)ではそれより高くなることを示した．都市工業が汚染を排出する2財(最終財のみ)の小国貿易モデルでは，Tsakiris et al. (2008)が短期の最適工業排出税率がピグー税率より低くなることを，Daitoh and Omote(2011)が長期の最適工業汚染税率がピグー税率より高くなることを明らかにした．つまり都市失業のある途上国では，森林破壊の抑制，都市工業の汚染規制のどちらを考えるとしても，長期的には標準的なピグー税制よりも厳格な環境規制が望ましい．だが，政府が短期的視点に立つ場合には逆にそれより緩い環境規制が採用される誘因が働くということである．

同時期に発表された Beladi and Chao(2006)は，貿易パターンの変化を通じた「汚染規制逃避地仮説」が途上国で成立するかを理論的に検証する研究の中で，自給自足経済なら長期的にも最適汚染税率がピグー税率より低くなることを指摘した．彼らは，2財の閉鎖経済モデルで，工業汚染税率が高くなると工業品の均衡価格が上がるため途上国は汚染のない農産物の生産に比較優位をもち，この仮説は成立しないことを示している．

上記の諸研究で次善最適な汚染税率がピグー税率より低い(高い)理由は，汚染税率引き上げによる都市失業率の上昇(低下)という歪みの強化を抑える(歪みの軽減を促す)必要があるからである．

さらに上記の Tsakiris et al. (2008)は，国際資本市場への開放性をも考え，都市工業への外国資本の流入に課税が行われると都市失業率が上昇するため，短期の最適工業排出税率はそれが行われない場合より低くなること，また工業排出税と国際資本政策が同時に決定される場合には外国資本導入のための最適補助金率は汚染がない場合より低くなることを見出している．

### 3.4.3 貿易と国際資本移動の下での漸進的政策改革

つぎに，漸進的政策改革の研究では，Rapanos(2007)が2財小国貿易モデルで，工業汚染税率の上昇により都市失業率は短期では変化が不確定だが長期では必ず低下することを導いた．標準的なハリス=トダロモデルでは都市失業率が低下するとき経済厚生も改善するので，この長期の結果は環境保全と貧困削減の両立性に楽観的な見通しを与えるように見える．だが，それは彼のモデルに特有の構造に依存しており，一般的には長期であっても都市失業率は上昇しうる[8]．他方，短期の政策改革分析を行った Daitoh(2008)では，都市人口比率が低くかつ農業の収穫逓減の程度が小さい途上国では，工業汚染税率の引き上げによる GDP の減少を貿易自由化により軽減できること(環境保全と貿易自由化の両立性)が見出された．

このように，都市失業のある二重経済構造をもつ途上国において，望ましい環境規制はどのようなものか，貿易・投資の自由化や都市失業の存在と環境政策との間にどのような関係があるかについて，一定の知見が得られている．汚染集約度の高い生産活動を特徴とする多くの発展途上諸国での環境保全の成否は，国際的・地球的規模の環境保全にとっても重要な影響のある問題であろう．国際貿易・投資政策，環境外部性，都市失業の3つを含むモデル分析は複雑になる傾向はあるが，今後も明解な分析を工夫していく意義のある課題は少なくない．

## おわりに

本章でみたように，自由な国際貿易・投資と環境保全とは相反する面もあり，一般に複雑な関係をもつ．その意味では，国際貿易・投資の自由化と環境保全という観点から「グローバル社会は持続可能か」との問いに確定的な答えを与えるのは難しい．だが，自由貿易・投資の推進が環境保全と両立するケースも見出された．少なくとも，自由貿易と環境保全とを両立させる方途を探る努力を継続する意義は，研究面でも実践面でも失われていないであろう．

本章で触れていない国際貿易・投資と環境に関わる題材には，地球温暖化と

貿易のほか廃棄物・リサイクル品の貿易，エコラベルなどがある．それらは阿部・遠藤(2012)，石川城太他(2007, 2013)などを参照されたい．また近年，貿易とそれに伴う交通・輸送活動による環境悪化との関係についての研究も行われている(Copeland, 2014)．

**注**

1) 消費者の選好が一定という想定が必ずしも維持されていない点で，技術効果にはより深い理解が求められるのかもしれない．選好が変化すると解する場合，図 **3.1** で自給自足均衡が点 $A$ であったときの無差別曲線マップ(明示していない)は，貿易自由化後には異なるものになっていると考えられる．貿易三角形はその新しい無差別曲線マップによって決まる．
2) 汚染除去活動にも資源投入は必要なので，最終財 $x, y$ の $PPF$ は下にシフトすると考えられるが，理解を容易にするためにこの効果は捨象している．3 つの効果のより詳しい説明や図解は，Copeland and Taylor(2003)の第 2 章を参照されたい．
3) 近年は pollution haven hypothesis の日本語訳を「汚染逃避地仮説」とする例が多いようである．だがこの仮説では，企業は「汚染から逃避する」のではなく「環境規制を逃れて汚染を排出しやすい国に立地する」のである．従来の日本語訳では逆の意味になる可能性もあるので，本稿では「汚染規制逃避地仮説」とする．
4) 部分均衡モデルで自国が汚染集約財の輸出国である場合の余剰分析を行うと，国際価格の低下による生産者余剰の減少分が消費者余剰の増加分を凌駕することがわかる．
5) $H$ 財生産者に課税し税収を民間還付すると，消費者は $H$ 財だけでなく $M$ 財も需要するので，相対的に $H$ 財の需要が小さくなる．これにより資源需要にも減少傾向が生じ資源の(利用)価格が低下するので，生存維持的労働による資源利用が増加する可能性がある(Chichilnisky, 1994, p.863, Proposition 3(iii))．
6) 貿易の下でも資源管理制度が確立せず資源がオープンアクセス下にある発展途上国の現実を説明しているとも解釈できる．
7) 以下の各モデルで，研究目的やモデル設定，環境外部性の働き方は異なっている．生産過程で発生する汚染を除去して排出する場合，汚染税と排出税は必ずしも同義ではないが，ここではあくまでも国際貿易・投資と環境の観点から関連づけて整理するので，汚染税率と排出税率の違いを重視する必要はない．
8) この点は Daitoh and Omote(2011)により分析されている．

**文献**

阿部顕三・遠藤正寛(2012)『国際経済学』有斐閣．
天野明弘(2006)「貿易と環境の国際的統合化を求めて」環境経済・政策学会編『環境経済・政策研究の動向と展望』(年報第 11 号)東洋経済新報社，27-39 頁．
石川城太・奥野正寛・清野一治(2007)「国際相互依存下の環境政策」清野一治・新保一成編『地球環境保護への制度設計』東京大学出版会，137-196 頁．
石川城太・椋寛・菊地徹(2013)『国際経済学をつかむ』(第 2 版)有斐閣．
岩田伸人(2005)「WTO における貿易と環境の問題」馬田啓一・浦田秀次郎・木村福成編

著『日本の新通商戦略――WTOとFTAへの対応』文眞堂, 39-81頁.
佐竹正夫(2008)「自由貿易と環境保護――GATT 20条をめぐる貿易紛争の経済分析」青木健・馬田啓一編著『貿易・開発と環境問題――国際環境政策の焦点』文眞堂, 88-104頁.
董維佳・寶多康弘(2010)「貿易と水産業の経済理論――国内産業へのインプリケーション」寶多康弘・馬奈木俊介編著『資源経済学への招待――ケーススタディとしての水産業』ミネルヴァ書房, 205-224頁.
日本弁護士連合会公害対策・環境保全委員会編(1991)『日本の公害輸出と環境破壊――東南アジアにおける企業進出とODA』日本評論社.
諸富徹・浅野耕太・森晶寿(2008)『環境経済学講義――持続可能な発展をめざして』有斐閣ブックス.
山下一仁(2011)『環境と貿易――WTOと多国間環境協定の法と経済学』日本評論社.

Antweiler, W., B. R. Copeland, and M. S. Taylor (2001), "Is free trade good for the environment?" *American Economic Review*, Vol. 91, pp. 877-908.

Beghin, J., D. Roland-Holst, and D. van der Mensbrugghe (eds.) (2002), *Trade and the Environment in General Equilibrium: Evidence from Developing Economies*, Dordrecht: Kluwer Academic Publishers.

Beladi, H. and C.-C. Chao (2006), "Environmental policy, comparative advantage, and welfare for a developing economy," *Environment and Development Economics*, Vol. 11, pp. 559-568.

Brander, J. A. and M. S. Taylor (1997), "International trade and open-access renewable resources: The small open economy case," *Canadian Journal of Economics*, Vol. 30, pp. 526-552.

Brander, J. A. and M. S. Taylor (1998), "Open access renewable resources: Trade and trade policy in a two-country model," *Journal of International Economics*, Vol. 44, pp. 181-209.

Bulte, E. H. and E. B. Barbier (2005), "Trade and renewable resources in a second best world: An overview," *Environment and Resource Economics*, Vol. 30, pp. 423-463.

Chao, C.-C., J. R. Kerkvliet, and E. S. H. Yu (2000), "Environmental preservation, sectoral unemployment, and trade in resources," *Review of Development Economics*, Vol. 4, pp. 39-50.

Chichilnisky, G. (1994), "North-South trade and the global environment," *American Economic Review*, Vol. 84, pp. 851-874.

Cole, M. A. and R. J. R. Elliott (2003), "Determining the trade-environment composition effect: The role of capital, labor and environmental regulations," *Journal of Environmental Economics and Management*, Vol. 46, pp. 363-383.

Copeland, B. R. (2005), "Policy endogeneity and the effects of trade on the environment," *Agricultural and Resource Economics Review*, Vol. 34, pp. 1-15.

Copeland, B. R. (2014), *Recent Developments in Trade and the Environment*, The International Library of Critical Writings in Economics 290, Cheltenham: Edward Elgar.

Copeland, B. R. and M. S. Taylor (1994), "North-South trade and the environment," *Quarterly Journal of Economics*, Vol. 109, pp. 755-787.

Copeland, B. R. and M. S. Taylor (2003), *Trade and the Environment: Theory and Evidence*, Princeton: Princeton University Press.

Copeland, B. R. and M. S. Taylor (2009), "Trade, tragedy, and the commons," *American Economic Review*, Vol. 99, pp. 725-749.

Daitoh, I. (2008), "Environmental protection and trade liberalization in a small open dual economy," *Review of Development Economics*, Vol. 12, pp. 728-736.

Daitoh, I. and M. Omote (2011), "The optimal environmental tax and urban unemployment in an open economy," *Review of Development Economics*, Vol. 15, pp. 168-179.

Dean, J. M. and S. Gangopadhyay (1997), "Export bans, environmental protection, and unemployment," *Review of Development Economics*, Vol. 1, pp. 324-336.

Frankel, J. A. and A. K. Rose (2005), "Is trade good or bad for the environment? Sorting out the causality," *Review of Economics and Statistics*, Vol. 87, pp. 85-91.

Harris, J. R. and M. P. Todaro (1970), "Migration, unemployment and development: A two-sector analysis," *American Economic Review*, Vol. 60, pp. 126-142.

Grossman, G. M. and A. B. Krueger (1993), "Environmental impacts of a North American free trade agreement," in Peter M. Garber (ed.), *The Mexico-U. S. Free Trade Agreement*. Cambridge (MA): MIT Press, pp. 13-56.

Managi, S., A. Hibiki, and T. Horie (2009), "Does trade openness improve environmental quality?" *Journal of Environmental Economics and Management*, Vol. 58, pp. 346-363.

Porter, M. E. and C. van der Linde (1995), "Toward a new conception of the environment-competitiveness relationship," *Journal of Economic Perspectives*, Vol. 9, pp. 97-118.

Rapanos, V. T. (2007), "Environmental taxation in a dualistic economy," *Environment and Development Economics*, Vol. 12, pp. 73-89.

Takarada, Y., W. Dong, and T. Ogawa (2013), "Shared renewable resources: Gains from trade and trade policy," *Review of International Economics*, Vol. 21, pp. 1032-1047.

Tsakiris, N., P. Hatzipanayotou, and M. S. Michael (2008), "Pollution, capital mobility and tax policies with unemployment," *Review of Development Economics*, Vol. 12, pp. 223-236.

# 第4章　貧困と環境破壊

金 子 慎 治

## はじめに

　貧困と環境破壊の関係については，焼畑農業や都市スラムなど持続可能な発展を考える上できわめて重要な個別事例が多く報告されている一方で，全体像を理解することが困難な問題でもある．本章では貧困と環境破壊に関する主要な論点について，農村と都市の典型的な2つの場を取り上げ，それぞれの問題の特性を理解した上で，これらの問題に対処するための新しい考え方や取り組み事例を通して貧困と環境破壊の全体像を理解することを目標とする．4.1節では，まず，このテーマを理解するために必要な準備として，いくつかの重要な基礎的背景について解説する．具体的には，貧困層と居住地，グローバル化と経済発展との関係，複雑な双方向の因果関係の分類，である．そのうえで続く4.2節および4.3節では，そうした背景や構造が農村と都市，それぞれにおいてどのように具体的な問題として出現するのか，特に貧困と環境破壊の主要な因果構造について具体例をあげて説明する．最後に，4.4節では，そうした課題にどのように対処するかについて，新しい考え方，途上国の取組み，国際社会の取組みに分けて，これまでの取組みと今後の展望について論じる．

## 4.1 貧困と環境の多様な視点

### 4.1.1 貧困層の居住地域

途上国の貧困層の居住地域は2つに大別される．世界の貧困人口全体の8割程度が農村，残りは都市に居住する．表 **4.1** に示すように，1人当たり1日1.25ドル以下の所得水準で生活する貧困人口は，2008年に18億人弱であり，1988年から約9000万人増えた．その内訳は，4000万人程度が農村の貧困層であり，5000万人程度が都市の貧困層である．それぞれの貧困人口のうち農村の貧困層が相対的に多い地域は南アジア，東南アジアとサブサハラアフリカで，都市の貧困層が相対的に多いのは東アジア，ラテンアメリカおよびカリビアンと中東および北アフリカである．また，近年貧困層の削減に成功しているのは東アジアと東南アジアで，特に東アジアで農村の貧困層，東南アジアで都市の貧困層の削減がそれぞれ進んでいる．

ところで，世界には肥沃な土地，温暖で安定した気候，災害リスクの小さい地域などがある一方で，農業に向かないやせた土地，極端な気候，災害リスクの大きい地域などがある．こうした地域特性と貧困層の居住地域にはどのような関係が見いだせるだろうか．1950年以降，条件不利な脆弱な地域を居住地とする貧困層の人口が2倍になったとされ，貧困層はグローバル経済の進展により農業生産や居住に向かない条件の悪い地域へとますます追いやられていくという議論がある (Barbier, 2010)．表 **4.2** は条件不利な脆弱な地域に居住する人口を地域別に比較したものである．農村貧困層の人口規模が13〜14億人であり，途上国の条件不利地域に居住する人口規模も同程度の13億人程度とみられている．両者の多くは重複しており，農村貧困層の多くは条件不利な脆弱な土地に居住していることがわかる．また，表 **4.3** ではこれらの13億人程度の途上国の農村貧困層が具体的にどのような条件不利地域に居住しているかを示している．農村人口は農業を中心に生計を立てなければならないにもかかわらず，約7割が灌漑施設の無い乾燥地域や農業に適さない土壌を持つ地域に居住している．その結果，条件不利な地域に居住する人口割合が高ければ高いほど，貧困発生率が高くなり，その国の1人当たりの所得が小さくなるといった

表 4.1　途上国人口と都市と農村の貧困層(100 万人)

|  |  | 東アジア | 南アジア | 東南アジア | サブサハラアフリカ | ラテンアメリカおよびカリビアン | 中東および北アフリカ | 途上国合計 |
|---|---|---|---|---|---|---|---|---|
| 1988 | 総人口 | 1,121 | 1,128 | 419 | 458 | 421 | 238 | 3,785 |
|  | 農村人口 | 827 | 837 | 293 | 333 | 129 | 124 | 2,543 |
|  | 貧困人口 | 605 | 589 | 200 | 240 | 57 | 12 | 1,703 |
|  | 農村 | 526 | 468 | 153 | 172 | 33 | 12 | 1,364 |
|  | 都市 | 79 | 121 | 47 | 68 | 24 | na | 339 |
| 2008 | 総人口 | 1,349 | 1,616 | 569 | 777 | 567 | 361 | 5,239 |
|  | 農村人口 | 763 | 1,112 | 307 | 497 | 122 | 161 | 2,962 |
|  | 貧困人口 | 312 | 741 | 133 | 510 | 71 | 23 | 1,789 |
|  | 農村 | 214 | 622 | 105 | 408 | 41 | 14 | 1,405 |
|  | 都市 | 97 | 119 | 27 | 102 | 30 | 8 | 384 |

出典) IFAD(2011).

表 4.2　脆弱な土地に住む人口の世界分布

| 地域 | 2000 年の総人口(100 万人) | 脆弱な土地に住む人口 | |
|---|---|---|---|
|  |  | 人口(100 万人) | 比率(%) |
| 途上国 | 5,179.7 | 1,295 | 25.0 |
| 　ラテンアメリカおよびカリビアン | 515.3 | 68 | 13.1 |
| 　中東および北アフリカ | 293.0 | 110 | 37.6 |
| 　サブサハラアフリカ | 658.4 | 258 | 39.3 |
| 　南アジア | 1,354.5 | 330 | 24.4 |
| 　東アジアおよびパシフィック | 1,856.5 | 469 | 25.3 |
| 　東欧および中央アジア | 474.7 | 58 | 12.1 |
| 　その他 | 27.3 | 2 | 6.9 |
| OECD 諸国 | 850.4 | 94 | 11.1 |
| 合計 | 6,030.1 | 1,389 | 23.0 |

出典) Barbier(2010).

表 4.3　脆弱な土地を居住地域とする人口の分布

|  | 人口(100万人) |
|---|---|
| 灌漑施設の無い乾燥地 | 518 |
| 農業に適さない土壌 | 430 |
| 急傾斜地 | 216 |
| 脆弱な森林地域 | 130 |
| 合計 | 1,294 |

出典) Barbier(2010).

関係がある(Barbier, 2010)．

### 4.1.2 経済発展と一次産業依存

　貧困削減のためには経済発展が必要であるが，不平等を悪化させないことも同時に重要である．経済成長の恩恵が不平等の悪化によって相殺されることもしばしば起こるため，どのような経済成長かが問題となる．貧困削減に寄与するような経済成長を pro-poor growth という．他方で，経済成長は環境に影響を与えるため，環境影響が少ない経済成長のあり方が模索されており，これを green growth という．長期の所得増加の過程において，前者はクズネッツ曲線，後者は環境クズネッツ曲線としても議論されてきた．

　農村経済からテイクオフし工業化に成功する国は，資本蓄積，都市化，インフラ整備などのために，いわゆる基礎素材を供給する産業の需要が大きく高まり，エネルギー消費量も増大する．このため，経済発展による天然資源の消費とそれにともなう汚染の増加が一時的に環境負荷を著しく高めることがある．その後，経済発展による環境意識の向上や技術の獲得などにより問題が解決されていく過程は環境クズネッツ曲線が想定するパターンである．他方，工業化へのテイクオフの初期には工業部門に資金が集中して農村部門との格差が拡大するが，さらなる経済発展によって中間層が形成されてくると所得再分配が行われるようになって格差が縮小する．この過程がクズネッツ曲線の想定するパターンである．環境クズネッツ曲線とクズネッツ曲線がそれぞれどの所得水準で転換点を迎えるかによって，経済発展を介した環境破壊と貧困削減との関係が決まる．経済発展の途上で環境が悪化することと，所得格差の拡大のため経済発展の貧困削減に対する効果が相殺されて貧困が解決しないとき，環境悪化と貧困が同時に起こる可能性がある．

　他方で，天然資源が豊富であるがゆえに一次産業に対する依存から脱却する機会を阻害され，経済発展が停滞することを「資源の呪い」という．天然資源による収入に過度依存した社会はそれほど多くの雇用を生まないため所得再分配が進まず，権益をめぐる紛争や政治腐敗が頻発し，資源輸出のための自国通貨の上昇などのために資源以外の輸出が低迷し他の産業が育たない，といった理由で貧困は解消されない．また，天然資源の乱開発のための環境破壊も珍し

くない．この場合，経済発展が進まないことによって貧困と環境破壊が同時に起こる可能性がある．

### 4.1.3 貧困と環境破壊の相互関係

前項では経済発展を通じた貧困と環境破壊のマクロな関係を概観した．ここではもう少し直接的な双方向の因果関係について詳しくみてみよう．貧困と環境破壊の関係とは，図 4.1 のごとく大きく 4 つに大別できる．ここでは，フィードバックを含む動的な関係が問題となるので，貧困状態でない場合で，かつ環境破壊がない場合を初期状態として考える．また，それぞれの構造は論点整理のためのものであり，現実には必ずどれかに分類されるというものでもなく，いくつかの構造が複合的に起こることもありうる．

タイプ A は，何らかの環境に直接関係のない要因によって貧困状態に陥ったことが原因で，環境が破壊される場合である．例えば，紛争の結果発生した大量の難民による難民キャンプでの廃棄物や汚水の未処理などの問題があげられる．タイプ B は，何らかの貧困に直接関係のない要因によって環境破壊が発生したことが原因で，貧困に陥る場合である．例えば，気候変動による海面上昇で農地の塩分濃度が高くなり，不作が続くことにより貧困に陥る場合である．また，気温上昇により暴力が誘発され，紛争を介して貧困が悪化する可能性も指摘されている(Cane et al., 2014)．タイプ C は，環境にも貧困にも直接関係しない要因によって，貧困発生と環境破壊が同時に起こる場合である．例え

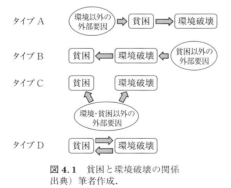

図 4.1 貧困と環境破壊の関係
出典）筆者作成．

ば，不適切なプランテーション経営によって，雇用される労働者が貧困線以下の生活を余儀なくされる一方で，環境破壊が同時に進行する場合が考えられる．また，大規模な農地開発政策であるインドネシアのメガライスプロジェクトにみるように政府の失敗によってもそうした状況が起こる．

　そして，タイプDが(1)貧困であるがゆえに環境破壊が進む，(2)環境破壊のために貧困が悪化する，という双方向の関係が同時に，あるいは連鎖して起こる結果，最終的には貧困や環境破壊の状態に陥る場合である．

　先にみたように，貧困層は大きく農村貧困層と都市貧困層に大別される．農村では周辺の自然環境から得られる各種サービスに大きく依存して生活しており，過剰な生産活動が周辺の自然環境を悪化させる．焼畑農業，森林の違法伐採，過剰な非木材林産物生産や希少動植物の猟獲，漁業資源の過剰な漁獲，などが典型である．また，近代的な商業燃料を使えないことから薪や家畜の糞などを換気が不十分な状態で燃焼することで，室内大気汚染が発生し健康被害が発生する．他方で，こうした周辺の自然環境の悪化や健康被害は生産量の減少を通じて生活基盤を圧迫する．また，自然災害を誘発し，直接的な被害をもたらすこともある．

　これに対して，都市では人口集中による貧困層のスラム化とその拡大が典型的な課題である．そこでは，脆弱で簡素な住環境に多数の家族が寄り集まって生活し，質の悪い燃料の利用，生活雑排水の垂れ流し，ゴミの投棄などによる周辺大気，水環境を汚染する．他方で，こうした汚染を回避する手段を持たない貧困層は直接健康被害を受けるため，不安定な収入をさらに減らすこととなる．また，都市スラムの住民も災害に対しては脆弱で，生活基盤を破壊されるような被害を受けることがある．

　双方向の因果関係が外部の要因をきっかけに加速することもある．例えば，貧しいがゆえに森林の大規模伐採などのために外部の企業に低賃金で雇用され一時的な収入を得る一方で，長期的には地域の自然資源が失われることにより，事業終了後は以前よりも貧しい生活を強いられる．さらには，貧しいがゆえに家電廃棄物の有価物回収に従事することになり，不適切な回収方法による周辺環境汚染によって健康被害を受けて働けなくなるような場合もこうした事例に含まれるであろう．

## 4.2 農村における貧困と環境

### 4.2.1 多様な自然環境に依存する社会

貧困層の生活は多様な自然環境がもたらすエコロジカル・サービスに大きく依存している．表4.4は種類別の資本ストックと所得の関係をまとめたものである．特に低所得国は，自然資本に依存する割合が高い．

多くの事例研究が，自然環境のもたらす具体的なエコロジカル・サービスの重要性を貨幣評価することによって明らかにしてきた．例えば，タイの沿岸地域の4つの漁村でマングローブ林がもたらすサービスが得られなかった場合の貧困率が，影響の小さい村で少なくとも13.6%，影響の大きい村では55.3%上昇する可能性を示した(Sarntisar and Sathirathai, 2004)．マングローブ林と並んで貧しい漁村で典型的にみられるのが，サンゴ礁のもたらすエコロジカル・サービスである．漁業収入に与える影響に加えて，海岸線保護にとっても重要な役割を果たす．また，マングローブ林やサンゴ礁は文化的，精神的な意味での非利用価値があることも明らかにされている(Barbier, 2010)．

森林のエコロジカル・サービスもまた，貧困層の収入や生活に直接，間接に大きな影響を与える．森林内部や周辺で生活する貧困世帯には，森林から得られる木材，非木材林産物に依存して生活する．特に，貧困層にとって非木材林産物は重要な収入源であり，Vedeld et al.(2004)の世界の農村を対象とした研究結果のメタ分析によれば，所得に対する森林資源の依存率の平均は22%である一方で，貧困世帯の平均は32%，非貧困世帯では17%と格差がある．さ

表4.4 所得と資本ストック

|  | 自然資本 | 人工資本 | 無形資本 | 合計 |
|---|---|---|---|---|
|  | 1人当たりドル(%) | 1人当たりドル(%) | 1人当たりドル(%) | 1人当たりドル |
| 低所得国 | 1,925(26) | 1,174(16) | 4,434(59) | 7,532 |
| 中所得国 | 3,496(13) | 5,347(19) | 18,773(68) | 27,616 |
| 高所得OECD諸国 | 9,531( 2) | 76,193(17) | 353,339(80) | 439,063 |
| 世界全体 | 4,011( 4) | 16,850(18) | 74,998(78) | 95,860 |

出典）World Bank(2006b)．
注）産油国を除く．

らに，南インドでは所得の60%（Narendran et al., 2001），ネパールでは所得の90%以上（Gakou et al., 1994）を森林資源に依存しているという報告もある．また，世界全体で3億人が900億ドルもの非木材林産物の生産を行っていると推計されている（Pimentel et al., 1997）．これらは収入源としての森林資源という側面に加えて，貧しい家計ほど自家消費を通じて，栄養源，燃料，住宅やその他さまざまな生活用具の材料としても重要である（Paumgarten and Shackleton, 2009）．

他方で，河川の上流部で集水域を形成する森林には，水質浄化機能，洪水調整・水資源涵養機能，土壌劣化流出抑制機能，生態保全機能などがある．こうした機能は主に下流域での生活に影響する．特に，下流域に環境に依存し環境変化に脆弱な貧困層が住んでいる場合は影響が大きい．上流域での森林保護や貯水機能の整備は，防災機能と地下水の涵養を同時に高めることにより，下流域に大きな便益をもたらす（Richards, 1997; Diwakara and Chandrakanth, 2007）．しかし，上流で洪水対策や灌漑のためにダムが建設された場合，これまで定期的な洪水によって下流域の氾濫原の養魚池や天水農業へもたらされた豊かな土壌や水資源の供給がとまり，氾濫域で生活する貧困層に負の影響を与える（Islam and Braden, 2006）．上流から下流にわたって便益と費用（損失）を調べた結果，流域全体の純便益がマイナスになることもありうる（Barbier, 2003）．この場合，洪水によって受ける被害よりも，洪水が起こらないことによって受ける被害が大きくなるほど，より自然環境に依存した生活であることを示している．

### 4.2.2 恒常的貧困と環境

貧困状態にあるかどうかの判定や計測は，通常，所得や支出などのフローの情報を用いて行われる．他方で，恒常的な貧困状態かどうかについては，所得や支出に加えて，所得を生み出す資産が重要となる．農村経済では，土地，農機具，家畜などが一般的な資産である．所得は計測する時点の天候や家庭の事情，社会経済状況に応じて比較的変動が大きいのに対して，資産は比較的安定しているという特徴がある．時系列の貧困計測研究によれば，多くの貧困世帯は，貧困線をまたいで行ったり来たりしている．Grootaert and Kanbur（1995）による1985〜1988年のコートジボアールの研究によれば，平均貧困率は30%

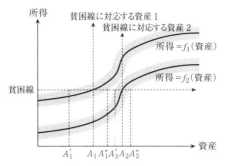

**図 4.2　資産と所得の貧困線**
出典）Carter and Barrett (2006) を参考に作成.

から 46% に増加したにもかかわらず，最初の 30% に含まれる貧困層の多くが 1988 年には貧困ラインを上回っており，他方で，貧困層に新たに加わった世帯の多くがもともとは貧困層ではなかったのである．

このような貧困の動的な側面と環境との関係を考察してみよう．図 4.2 は所得とそれを生み出す資産との関係を示している．$A_1$ は，所得と資産の間に $f_1$ の関係がある場合に，貧困線に一致する所得を平均的に生み出すのに必要な資産水準を示す．また，この平均的に生み出される所得は，同じ資産水準であってもさまざまな要因によって変動する．その要因のひとつに周辺の自然環境の状態が含まれる．この変動によってもたらされる所得の幅は，$A_1'$ から $A_1''$ までの資産水準においては条件次第で貧困に陥る可能性を示している．他方で，$A_1'$ 以下の資産しか保有しない家計は，変動する所得幅の中で貧困線を超える所得を生み出すことができないため，恒常的な貧困に陥る．

これに対して，例えば，海面上昇とハリケーンのために農地に海水が侵入し，塩分濃度が高まるなど，何らかの外生的な要因で資産と所得の関係を大きく変化させるマイナス要因が働いたとする．その場合，所得と資産の関係は $f_1$ から $f_2$ にシフトする．それによって，貧困線の所得を平均的に得るために必要となる資産水準は大きく上昇する．この例では，$f_1$ のもとで恒常的に貧困を回避できた資産水準であっても恒常的貧困に陥る．逆に，$f_1$ がさらに上向きにシフトすれば少ない資本で恒常的に貧困を回避できる可能性が高まる．また，こうした要因は環境以外にも技術やノウハウ，市場へのアクセスや販売価格など

があり，複合的に影響する．

### 4.2.3　家計の労働配分決定と貧困と環境破壊の罠

途上国の農村では自営農業労働を主たる生業としながらも，賃労働や現物所得労働などの複数の所得の源泉を持つことが一般的である．また，自家消費のための活動も行う．そして，これらの活動は環境に対する負荷，環境からの影響によって特徴付けられ，状況に応じてこれらの活動にそれぞれの労働力(時間)を配分する．このことに着目し，ここでは家計の労働配分決定からみた貧困と環境破壊の罠の関係について考察してみよう．

家計の労働配分決定モデルは，基本的に複数の活動に対する労働(時間)投入からそれぞれ得られる限界的な効用が一致するところで労働配分が決定されることを原則とする．また，特定の効用関数を仮定すれば，収入につながらない活動の限界的な効用も貨幣単位に変換して評価することが可能となる．ここで，Barbier(2010)が示す最も単純なモデルとして，自然環境に強く依存した自営農業，賃労働，余暇の3つの代表的な活動に対する労働配分を考える．ここで，留保賃金(reservation wage)とは，これ以上低くなると賃労働に労働を配分することができない最低賃金水準をいう．

図4.3では，このモデルから得られる貧困と環境破壊の動的な悪循環(罠)を示している．まず，初期状態として[0]，すなわち，自営農業に$l_0$，賃労働に$l^w$の労働を配分している状態を考える．この自営農業は環境に影響を与えるため，自然環境は$N_0$から$N_1$へと劣化し，生産関数は太実線から太点線へと下方にシフトする．この時，賃金水準$w$が維持されれば，一旦，生産性の下がった自営農業の労働を減らし，賃労働を増やすため[1]の状態に移動する．ここで，多くの貧困農村でみられるように労働需要が十分でなく，より多くが賃労働を供給しようとすれば賃金水準は低下することが考えられる．その場合，賃金水準は徐々に下降し，留保賃金水準に到達する．そのため，[1]の状態から[2]の状態へとシフトする．その結果，自然環境に負荷を与える自営農業への労働力配分が当初の$l_0$よりも多い$l_2$に増加する．この増加は，さらなる環境劣化を誘発する可能性があり，[0]→[1]→[2]が繰り返される可能性がある．

もし，こうした悪循環が継続すれば，いずれ生存水準に近い最低限の食糧を

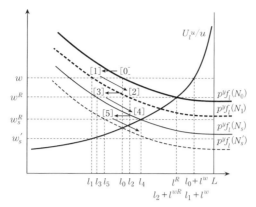

**図 4.3** 貧困と環境破壊の罠
出典）Barbier(2010)を参考に作成.

確保するのに必要な生産関数(細実線)と留保賃金 $w_s^R$ に到達する．この場合，これまでにない規模の労働力を自営農業に投入することになり，自然環境はますます劣化する可能性が高まる．そして，ついに生産関数が $N_s$ から $N_s'$ にまで低下する(細点線)ことになれば，生存水準を維持するために留保賃金 $w_s^R$ での賃労働を増やしながら最低限の生存水準を維持する状態[5]へと陥る．さらに悪いことに，賃労働の供給がさらに高まれば，賃金水準が生存水準ぎりぎりの留保賃金に維持される保証はなく，この場合，生存水準に到達できない状態でより多くの労働力を自営農業に投入せざるを得ないことになる．したがって，生存状態を下回る状況になったとしても自然環境への圧力は低下しない．

こうした議論の延長上で，環境劣化に影響を与える家計の労働配分決定において農業生産性や賃労働の重要性が指摘されている．例えば，スリランカでは米作農業の生産性向上の取組みが，森林での非木材林産物への労働配分を減らす効果があることが実証されている(Illukpitiya and Yanagida, 2010)．さらに，Ito and Kurosaki(2009)は農家の労働配分の決定に降雨量の変動が大きく影響していること，特に，より大きなリスクに直面する家計ほど自営農業労働から賃労働，とりわけ非農業労働に労働時間をより多く配分していることを指摘している．このことは，気候変動によって高まるリスクに対して貧困家計がリスク回避的に行動する場合には，賃労働がますます重要になることを示している．

## 4.3 都市における貧困と環境

### 4.3.1 都市化と都市スラムの形成

国連人間居住計画(UN HABITAT)によれば，都市スラムとは以下の特徴を持つものである．(1)安全な水に対するアクセスが不十分であること，(2)衛生やその他のインフラに対するアクセスが不十分であること，(3)住宅の構造が脆弱なこと，(4)過剰に密集していること，(5)居住の安全が確保されていないこと，である(UN HABITAT, 2003)．

こうした途上国における都市スラムは，部分的な情報ではあるものの，図4.4のとおり都市人口に占める割合でみれば少しずつ改善の兆しがみられる．しかし，平均でみて約20年間に6割から5割に減った程度で大きな改善はみられない．しかも都市人口そのものが増加しているため，絶対数は減っていないと考えられる．

さて，こうした都市スラムはどのように形成され，維持・拡大するのであろうか．都市化，都市への人口流入については，古くから理論と実証の研究がなされており，ハリス=トダロ・モデルによる説明がよく知られる(Harris and Todaro, 1970)．基本的な考え方は次のとおりである．まず，経済発展と工業化にともない農村部での生産性向上によって農村部に大量の余剰労働力が発生す

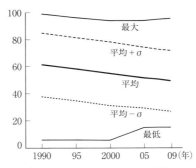

図 4.4 途上国の都市人口に占めるスラム人口の比率
出典) MDGs Indicators (http://mdgs.un.org/unsd/mdg/Data.aspx).
注) MDGs データベースで継続してデータが取れる途上国41か国の集計で
　　σ(シグマ)は標準偏差を示す．

る．都市内部あるいは都市周辺で形成される工業部門，あるいはサービス部門での雇用とより高い賃金を期待して余剰労働力が都市へ向かう．しかし，実際には都市部では農村からの大量の非熟練労働力である余剰労働力を単純労働だけでは雇用しきれず，都市での失業率は増大し，期待される所得は得られない．にもかかわらず，農村から都市への労働力の移動は継続することになるが，この説明のためにハリス＝トダロ・モデルでは都市での正規雇用によって得られることが期待される所得として期待所得という考え方を導入し，期待所得を動機として労働移動が起こるとした．さらに，一旦，農村からの労働力はインフォーマルセクターで吸収され，フォーマルなセクターで雇用される機会を待つものとした．このインフォーマルなセクターへ集まる農村からの労働力が都市でのスラムを形成する第一の要因である．

これに対して，都市では農村から流入する大量の人口を受け入れるための住宅や上下水，廃棄物管理などのインフラが不足することになる．そのため，公有地や未使用の私有地に無許可で違法に占拠するスクウォッター（不法定住者）が発生する．この際，縁故を頼りに居住地の選択を行うことが多く，このことがさらに農村からの移住者を誘発することになる．スクウォッターはテントやバラックと言われる簡易で脆弱な構造物に住み，やがて水や電気を確保していくことになる．しばしば，違法接続による盗水や盗電が行われるが，合法的な接続者に対して高い料金を支払って確保する場合も多い．

都市のインフォーマルセクターでの生業は，露天商や運転手，建設業などの日雇い労働，スカベンジャー（ゴミ拾いで生計を立てる人）などが典型的で，中には物乞いや犯罪に関わりながらきわめて低賃金での生活を余儀なくされる者もある．しかし，都市にはこうした人たちを便利に利用する構造もあり，さらに多くのインフォーマルセクターのビジネスがスラム内部で成立しており（UN HABITAT, 2003），一定期間がたつと貧困状態のまま定着していくことになる．国によって状況は異なるが，スラムが大きくなり定着していくと，基本的な人権が認められるようになり，住所が与えられて居住権が認められ，市民権を獲得する．教育や医療，社会保障などの公的なサービスも得られる場合が出てくる．スラム住民の人権を重視し，教育や環境改善のために公的なサービスを提供すると，ますますスラムの定着が促進されるというジレンマが生じる．そし

て，安定したスラム街が形成されて時間がたつと，仮に政府が根本解決のための移転プログラムを用意しても，人間関係や就業などの理由から移転プログラムがうまくいかないことも多い．

### 4.3.2 都市スラムと健康

貧困世帯や低所得者にとって貧困と環境破壊に関係する重要な関心事は健康である．2004年に行われたコロンビアでの調査では，71%の貧困世帯が環境汚染による健康被害を最も関心の高い環境問題にあげたのに対し，高所得者層では3割にとどまった(World Bank, 2006a)．中でも水汚染と大気汚染に対する関心が高い．貧困世帯にとって健康を損ねることは極度の貧困状態に陥ることに直接つながるため当然の結果であるが，外的な要因で環境が悪化したことで健康を害したためにさらなる貧困に陥るといった因果構造よりも，むしろ環境とは別の要因によってスラムを形成した貧困世帯が，その後周辺環境を悪化させ，さらに貧困状態を悪化させるという関係がみられる．

スラムでは居住環境が悪く，衛生的な水アクセスが大きな問題となる．水道による給水を受けられないため，川やため池の水をそのまま使うことになる．長期に定着したスラムでは近くに共同の井戸が掘られ，地下水が利用できる場合もある．しかし，多くの場合費用のかかる深層地下水を利用することは少なく，浅層地下水を利用する．スラムでは通常，衛生的な下水設備はなく，汚水や排水は周辺環境に垂れ流しである．そのうえ，排水設備が不十分でいつまでも雨水や汚水が滞留することもしばしばである(Chowdhury and Amin, 2006)．加えて，生活ゴミも居住地周辺に投棄されていることが多いため，周辺水環境をさらに悪化させる．そのため，飲み水として利用する浅層地下水がすでに汚染されていたり，地下水を利用する際に汚染されたりする．

表4.5は途上国約40か国の都市，都市スラムおよび農村における5歳以下の子供の乳幼児死亡率，下痢罹患率，急性呼吸器感染症罹患率を指標とした健康指標を比較している．概して，スラム以外の都市＞都市スラム全体＞農村の順に良好である．しかし，下痢罹患率，急性呼吸器感染症罹患率については4つのスラムの居住環境に関する条件のうち3つ以上の条件を満たす状態の悪いスラムについては農村の健康状態よりも悪い．これは，スラムでの劣悪な住環

表 4.5　スラム条件と健康指標(1995-2003 年の調査)

|  | 都市 | | | | | | 農村 |
|---|---|---|---|---|---|---|---|
|  | スラム以外 | スラム全体 | 1つの<br>スラム条件 | 2つの<br>スラム条件 | 3つの<br>スラム条件 | | |
| 1000人当たりの5歳以下乳幼児死亡者数 | 89.85 | 67.33 | 102.41 | 91.58 | 119.93 | | 128.33 |
| 5歳以下の<br>下痢罹患率 | 16.09 | 13.59 | 18.59 | 17.15 | 18.79 | 21.64 | 18.79 |
| 5歳以下の急性呼吸器感染症罹患率 | 14.75 | 13.44 | 16.29 | 15.52 | 17.09 | 19.50 | 17.17 |

出典）Martínez et al. (2008)より作成.
注）アフリカ, ラテンアメリカ・カリビアン, アジアの約40か国の平均. ただし, 指標によって対象国や国数が異なる. ここでのスラムの条件は, UN HABITATによる5つのスラム条件のうち, 安全を除いた4つの物理的な条件のうち該当する条件の数によって判定している.

境が周辺水環境や大気環境に影響していることを示している.

都市スラムでは密集した住環境で十分な換気をしないまま, さまざまな燃料を直接燃焼させ, 呼吸器疾患をもたらす浮遊粉塵や一酸化炭素(CO), 二酸化硫黄($SO_2$), 二酸化窒素($NO_2$)などの室内濃度が高くなることが報告されている. また, さまざまな材料を建材として利用することと換気が不十分であることからシックハウス症候群も確認されている(Kulshreshtha et al., 2008).

### 4.3.3　都市スラムと災害

都市スラムの貧困層が都市災害の被害を受けた結果, 極度の貧困状態に陥ることは珍しいことではない. 特に, 近年, 気象災害の発生が増加傾向にある中で, 人口が集中する途上国の大都市での災害リスクが懸念されている. とりわけ, 都市スラムの貧困層は, 本来居住に適さない場所できわめて脆弱な構造物に集中して生活するため, 災害被害が大きくなることに加えて, 伝統的な社会的セーフティーネットからも隔絶した状況にあり, 資産も少ないため, 災害後の回復力もきわめて限定的である. また, 都市では市場経済システムが行き渡っているため, 被災した場合の食料や水といった基本的なニーズを得るために一定の経済力が必要となるため, 貧困層が被災した場合の復興は農村よりもはるかに厳しいことになる. 気候災害に加えて地震や猛暑などの自然災害のみな

らず，火災や事故などの人災を含めて災害は一定の確率で発生しうるため，スラムの拡大と脆弱な住環境に密集して暮らすこと自体が災害リスクを拡大していることになる．そして，どこに住んでいても災害リスクを高めることになる都市のスラム化は，さらに悪いことに災害被害を受けやすい場所で拡大することになる．

　例えば，マニラの沿岸地域のKAMANAVA(Kaloocan, Malabon, Navotas and Valenzuela)地区では地盤沈下が深刻化している．もともとは比較的裕福な住民が住んでいた地域であったが，移転費用が負担できる富裕層はいなくなり，もっぱら貧困層が居住する貧困地域へと変わっていった．そこでは，台風などの災害時には当然のことながら，降雨がなくても潮汐による海水侵入による洪水が日常的に発生するようになり，さらに洪水が長期にわたって排水されない状況が続いている．貧困住民は，地盤沈下と日常的な洪水により，健康被害のための支出増加と，収入の低下に加え，洪水時の冠水による追加的交通費，家屋の修復や改築などのより大きな経済的負担に直面している．移転に必要な費用を捻出できず移転後の収入源も保証されないため，多くの貧困世帯が恒常的な貧困状態に陥っている(Jago-on et al., 2009)．また，Rashid et al. (2007)はダッカのスラム住民を対象とした選択実験により，洪水リスクのない地域に移転することへの便益を推計した．その結果，経済的インセンティブ(補助金)と移転地において新しい仕事を得るチャンスがあれば移転したいが，そうでなければ移転しないことを望むことが示された．

　他方で，都市スラムと災害においては，都市スラムの貧困層が災害の原因，あるいは災害リスクを高める要因として関与することもある．例えば，ジャカルタでみるようにスラムが川岸に沿って違法に形成されており，川幅の拡張や護岸の整備など洪水対策を妨げている．また，堤外地や堤水路に投棄されて堆積した廃棄物も洪水の原因として指摘されている．このことから，都市スラムの存在が都市全体の防災対策の障害になっていて，そのことによってより大きな被害を受けるのは都市スラムの貧困層であるという関係が見いだせる．

## 4.4 対策に向けて

### 4.4.1 パラダイムシフト

　天然資源などのコモンズ(共有資源)の管理においては，乱開発や枯渇，環境破壊につながるオープンアクセスの問題に対して，国家による規制的手法や市場メカニズムによって解決することが望ましいとされてきた．これに対してオストロムは，利害関係者(ステークホルダー)の自主統治や共同管理が有効であることを，世界各国で確認できる膨大な数の共有資源(common-pool resources)の自主管理の事例をもとにした実証研究と理論研究によって明らかにした(Ostrom, 1990)．そこで得られた知見は，共有資源管理に求められる8つの原則としてまとめられた．(1)利用者グループの境界を明確にすること，(2)地域のニーズと条件に共有資源の利用を管理するルールを適合させること，(3)管理のためのルールに影響される利害関係者がルールの変更に参加できることを保証すること，(4)外部者である政府関係者が利用者グループのルール決定権に敬意を払うことを保証すること，(5)利用者メンバーがメンバーの行動をモニタリングするシステムを確立すること，(6)ルール違反者に対して段階的な処罰を適用すること，(7)紛争解決のために実施可能で費用のあまりかからない手段を用意しておくこと，(8)共有資源を管理するための責任体制を最も低いレベルから階層化し，網の目のように張り巡らせておくこと，である．

　こうした手法は，政府の統治能力が低く，かつ市場が不完全な途上国においてとりわけ貧困層の環境改善の便益に対する正しい理解が不足していると指摘されている状況(Greenstone and Jack, forthcoming)では，貧困層が直面する比較的小規模のグループで利用する共有資源の管理において有効であると考えられている(Stavins, 2011)．さらに，こうしたオストロムが整理した管理手法は，pro-poor growth や inclusive growth (包摂的経済成長)の考え方とも親和性が高く，より厳しい貧困状態にある層に配慮しなければならない点が共通している．

　また，都市におけるスラムの対策についてもパラダイムのシフトがみられる．これまでの強制的な立ち退きや移転プログラムによるスラムの解消，あるいは場合によっては放置するといった考え方から，積極的に居住権を認めた上で，

現在のスラムをスクウォッターのために再開発する手法(in situ upgrading)へと転換することが推奨されている(UN HABITAT, 2003). このアプローチでは,スクウォッター自身の自助努力や自主統治を支援するかたちで自立支援によるスラム解消を目指している.

　もうひとつ貧困と環境破壊の同時解決にとって有効と期待される新しい考え方に生態系サービスへの支払い(Payment for Ecosystem Services: PES)がある. これは広く地球公共財といえる天然資源や環境質の保全や管理に対して,地球便益を守ることの対価としてその金銭的価値を国際社会全体で負担しようという考え方である. 多くの貧困世帯がこうした天然資源の乱開発や環境破壊とともに生活していることから,その保全や改善に資する活動に対して国際社会が対価を支払う仕組みができれば,自然保護とpro-poor growthを両立させる具体的な手段として活用できる可能性がある(Forest Trends et al., 2008). 気候変動枠組み条約の中で検討されているREDD(Reduction of Emission from Deforestation and forest Degradation)＋も,こうした考え方に整合する制度で,途上国が自国の森林を保全することによって得られる森林炭素蓄積の増強などの地球便益に対し国際社会が経済的支援を提供する仕組みである.

### 4.4.2　国内政策・制度的対応

　本項では途上国における貧困対策と環境保全の両立に関する国内政策・制度的対応の取組みと課題を,貧困対策,開発計画における環境対策のメインストリーム化(Poverty-Environment Mainstreaming)の視点から整理する. 1999年に国際通貨基金(IMF)と世界銀行が,資金提供や支援のための条件として被援助国に貧困削減戦略文書(Poverty Reduction Strategy Paper: PRSP)の作成をもとめ,これに基づく支援を実施してきた. しかし,当初は環境対策や環境保全という要素が含まれていなかったために環境対策や環境保全が貧困削減に貢献したという事例は少なかった(Bojö and Reddy 2003). その後,貧困と環境破壊の関係の重要性に対する認識が高まると,環境保全を通じた貧困削減に注目が集まるようになった. これを受けて,国連開発計画(UNDP)と国連環境計画(UNEP)は共同で貧困・環境イニシアティブ(Poverty-Environmental Initiative: PEI)を2005年から始め,2007年からは本格的に規模を拡大して多くの国の国内政策を支

援するようになった．

　ルワンダでは2006年に第2回のPRSPである経済開発および貧困削減戦略の策定に着手した．環境保全は横断的課題として位置づけられていた．しかし，環境部門のキャパシティが非常に低かったため意思決定者に重要性を伝えるまでに多くの支援が必要となった．多くの努力と国際的な技術支援の結果，環境被害の経済分析結果を含むエビデンスを示すことにより，環境保護は経済開発および貧困削減戦略の中で具体的な政策に結実した．具体的には，再生可能エネルギーや省エネルギーに関する製品の輸入関税撤廃，エコツーリズムや土壌保全，農業用灌漑技術の改善などの政策がPRSPに盛り込まれ，そのために多くの予算が当てられることになった(UNDP and UNEP, 2009)．

　他方で，2002年から2005年にかけてのバングラデシュの事例にみるようにドナーによって多くの支援をしたにもかかわらず，PRSPにおけるPEIのメインストリーミングに失敗したケースもある．しかし，その後もこの取組みは継続され，2013年にはバングラデシュを含む25か国(アフリカ9か国，アジア太平洋9か国，欧州・CIS 3か国，ラテンアメリカ・カリビアン4か国)の支援を行うまでに拡大した．こうした支援を受けつつ，各国政府は予算配分の変更，鉱山開発に関する法律改正，社会・環境影響評価の制度化，環境に優しい地域ガバナンスの支援，poverty-environmentの統合指標の採用，などの具体的な取組みを国家開発計画や貧困削減政策に組み込むことになった(UNDP and UNEP, 2014)．

### 4.4.3　国際社会の取組み

　ミレニアム開発目標(Millennium Development Goals: MDGs)では，2000年9月の国連ミレニアム・サミットにおいて採択された国連ミレニアム宣言に基づいて，8つの目標に対して60の指標が設定されている．これはより厳しい貧困状態を優先し，期限を設けて確実に解決しようという大きな目標を共有した国際社会の取組みの一環である．これらの指標の多くは1990年を基準年として2015年までに到達すべき数値目標として設定されている．

　8つの目標のうち，2つの目標が本節の内容に直接関係する．ひとつは目標1の極度の貧困と飢餓の撲滅，もうひとつは目標7の環境の持続可能性確保である．すでに目標を達成したいくつかの指標に，目標1に関する貧困率の半減

と目標7に関する安全な飲み水にアクセスできない人の半減，が含まれる．ただし，これらの成果の多くは中国によるもので地域別にみると目標達成に至らない地域も多い．また，森林破壊が引き続き問題となっているように目標7には課題が残されている．

　これに対して次の長期的な開発目標(ポスト2015開発アジェンダ)の設定が最終局面を迎えている．2013年，国連事務総長が招集したハイレベル・パネルは新たな目標設定に向けて5つの国際社会の変革に向けた大局的な指針を提言した．(1)誰ひとりとして取り残さない，(2)持続可能な開発を中心に据える，(3)雇用創出と包摂的成長のために経済を変革する，(4)平和を構築し，実効的，オープンで説明責任を有する制度を構築する，(5)新たなグローバル・パートナーシップの構築，である．

　ポスト2015開発アジェンダの目標設定に向けての大きな流れは，1992年の環境と開発に関する国際連合会議(地球サミット)からの議論を踏襲した持続可能な発展目標(Sustainable Development Goals: SDGs)とMDGsの統合である．MDGsの8つの目標から17の目標に増え，MDGsにより関係する目標，SDGsにより関係する目標，両者に関係する目標がそれぞれバランスをとって含まれる見込みである．特に，この統合に先立って2012年に行われたリオ＋20で議論された持続可能な発展のためのツールとして提唱されたグリーン経済への移行は，途上国にとっては貧困と環境破壊の同時解決を正面から取り組むことと同義であり，本章の課題への最も需要な国際的取組みといえよう．

　この目標設定におけるもうひとつの大きな流れは，多様なステークホルダーに対して開かれた議論や協議の場の設定である．公的セクターの資源不足や先進国と新興国のパワーバランスの変化などを受け，多様な資源を活用したパートナーシップを重視した取組みの一環である．これにより民間企業，市民社会やNGO，あるいは途上国の意見を幅広く反映すると同時に，それぞれの当事者意識やコミットメントを引き出すことが期待され，目標達成の実現性が高まる効果がある．

第 4 章 貧困と環境破壊

### 文献

Barbier, E. B. (2003), "Upstream dams and downstream water allocation: The case of the Hadejia-Jama'are floodplain, Northern Nigeria," *Water Resources Research*, Vol. 39, No. 11, pp. 1311-1319.

Barbier, E. B. (2010), "Poverty, development, and environment," *Environment and Development Economics*, Vol. 15, No. 6, pp. 635-660.

Bojö, J. and R. C. Reddy (2003), "Status and Evolution of Environmental Priorities in the Poverty Reduction Strategies: An Assessment of Fifty Poverty Reduction Strategy Papers," Working Paper No. 93, Washington, D. C.: World Bank.

Cane, M. A., E. Miguel, M. Burke, S. M. Hsiang, D. B. Lobell, K. C. Meng, and S. Satyanath (2014), "Temperature and violence," *Nature Climate Change* Vol. 4, No. 4, pp. 234-235.

Carter, M. R. and C. B. Barrett (2006), "The economics of poverty traps and persistent poverty: An asset-based approach," *The Journal of Development Studies*, Vol. 42, No. 2, pp. 178-199.

Chowdhury, F. J. and A. T. M. N. Amin (2006), "Environmental assessment in slum improvement programs: Some evidence from a study on infrastructure projects in two Dhaka slums," *Environmental Impact Assessment Review*, Vol. 26, No. 6, pp. 530-552.

Diwakara, H. and M. G. Chandrakanth (2007), "Beating negative externality through groundwater recharge in India: A resource economic analysis," *Environment and Development Economics*, Vol. 12, No. 2, pp. 271-296.

Forest Trends, The Katoomba Group, and UNEP (2008), *Payments for Ecosystem Services Getting Started: A Primer*, Nairobi: UNEP (http://www.katoombagroup.org/documents/publications/GettingStarted.pdf (2014. 11. 1)).

Gakou, M., J. E. Force, and W. J. McLaughlin (1994), "Non-timber forest products in rural Mali: A study of villager use," *Agroforestry Systems*, Vol. 28, No. 3, pp. 213-226.

Greenstone, M. and B. K. Jack, "Envirodevonomics: A research agenda for an emerging field," *Journal of Economic Literature*, forthcoming.

Grootaert, C. and R. Kanbur (1995), "The lucky few amidst economic decline: Distributional changes in Côte d'Ivoire as seen through panel data sets, 1985-88," *The Journal of Development Studies*, Vol. 31, No. 4, pp. 603-619.

Harris, J. R. and M. P. Todaro (1970), "Migration, unemployment and development: A two-sector analysis," *American Economic Review*, Vol. 60, No. 1, pp. 126-142.

IFAD (2011), *Rural Poverty Report* (http://www.ifad.org/rpr2011/report/e/rpr2011.pdf).

Illukpitiya, P. and J. F. Yanagida (2010), "Farming vs. Forests: Trade-off between agriculture and the extraction of non-timber forest products," *Ecological Economics*, Vol. 69, No. 10, pp. 1952-1963.

Islam, M. and J. B. Braden (2006), "Bio-economic development of floodplains: Farming versus fishing in Bangladesh," *Environment and Development Economics*, Vol. 11, No. 1, pp. 95-126.

Ito, T. and T. Kurosaki (2009), "Weather risk, wages in kind, and the off-farm labor supply of agricultural households in a developing country," *American Journal of Agricultural Economics*, Vol. 91, No. 3, pp. 697-710.

Jago-on, K. A. B., S. Kaneko, R. Fujikura, A. Fujiwara, T. Imai, T. Matsumoto, J.

Zhang, H. Tanikawa, K. Tanaka, B. Lee, and M. Taniguchi (2009), "Urbanization and subsurface environmental issues: An attempt at DPSIR model application in Asian cities," *Science of the Total Environment*, Vol. 407, No. 9, pp. 3089-3104.

Kulshreshtha, P., M. Khare, and P. Seetharaman (2008), "Indoor air quality assessment in and around urban slums of Delhi city, India," *Indoor Air*, Vol. 18, No. 6, pp. 488-498.

Martínez, J., G. Mboup, R. Sliuzas, and A. Steina (2008), "Trends in urban and slum indicators across developing world cities, 1990-2003," *Habitat International*, Vol. 32, No. 1, pp. 86-108.

Narendran, K., I. K. Murthy, H. S. Suresh, H. S. Dattaraja, N. H. Ravindranath, and R. Sukumar (2001), "Nontimber forest product extraction, utilization and valuation: A case study from the Nilgiri Biosphere reserve, Southern India," *Economic Botany*, Vol. 55, No. 4, pp. 528-538.

Ostrom, E. (1990), *Governing the Commons: The Evolution of Institutions for Collective Action*, Cambridge: Cambridge University Press.

Paumgarten, F. and C. M. Shackleton (2009), "Wealth differentiation in household use and trade in non-timber forest products in South Africa," *Ecological Economics*, Vol. 68, No. 12, pp. 2950-2959.

Pimentel, D., M. McNair, L. Buck, M. Pimentel, and J. Kamil (1997), "The value of forests to world food security," *Human Ecology*, Vol. 25, No. 1, pp. 91-120.

Rashid, H., L. M. Hunt, and W. Haider (2007), "Urban flood problems in Dhaka, Bangladesh: Slum residents' choices for relocation to flood-free areas," *Environmental Management*, Vol. 40, No. 1, pp. 95-104.

Richards, M. (1997), "The potential for economic valuation of watershed protection in mountainous areas: A case study from Bolivia," *Mountain Research and Development*, Vol. 17, No. 1, pp. 19-30.

Sarntisar, I. and S. Sathirathai (2004), "Mangrove dependency, income distribution and conservation," in E. B. Barbier and S. Sathirathai (eds.), *Shrimp Farming and Mangrove Loss in Thailand*, London: Edward Elgar, pp. 96-114.

Stavins, R. N. (2011), "The problem of the commons: Still unsettled after 100 years," *American Economic Review*, Vol. 101, No. 1, pp. 81-108.

UN HABITAT (2003), "The Challenge of Slums: Global Report on Human Settlements 2003," UN HABITAT (http://mirror.unhabitat.org/pmss/listItemDetails.aspx?publicationID=1156&AspxAutoDetectCookieSupport=1(2014.11.10)).

UNDP and UNEP (2009), *Mainstreaming Poverty-Environment Linkages into Development Planning: A Handbook for Practitioners* (http://www.undp.org/content/dam/undp/library/Poverty%20Reduction/Mainstreaming%20Poverty-Environment%20Linkages%20into%20Development%20Planning.pdf(2014.11.1)).

UNDP and UNEP (2014), *Pei Annual Progress Report 2013* (http://www.unpei.org/sites/default/files/publications/pei_AR_2013_web_final.pdf(2014.11.1)).

Vedeld, P., A. Angelsen, E. Sjaastad, and G. K. Berg (2004), "Counting on the environment: Forest incomes and the rural poor", Environment Department Paper 98, Washington, D. C.: World Bank.

World Bank (2006a), *Republic of Colombia: Mitigating Environmental Degradation to Foster Growth and Reduce Inequality*, Washington, D. C.: World Bank.

World Bank (2006b), *Where Is the Wealth of Nations?: Measuring Capital for the 21 st Century*, Washington, D. C.: World Bank.

# 第5章　環境と女性／ジェンダーの主流化

萩原なつ子

## はじめに

　国連会議の公式の場において環境と女性／ジェンダーのかかわりが最初に認識されたのは，女性に関する会議では，1985年ナイロビで開催された第3回世界女性会議であり，環境に関する会議では，1992年リオデジャネイロにおける「国連環境開発会議」(UNCED)である．前者では「西暦2000年に向けて女性の地位向上のための将来戦略」における12の行動分野のひとつとして環境が取り上げられた．自然環境破壊がとくに貧困女性に大きな影響を与えることが指摘され，環境保全活動や生態系管理への女性の参画が目標とされた．また，後者で採択された行動計画「アジェンダ21」には第24章「持続可能かつ公平な開発に向けた女性のための地球規模の行動」が盛り込まれた．第24章には，環境政策に女性の貢献と利益を確実なものとすることが重要であること，そのためには意思決定への女性の平等な参画や女性のエンパワメントを通じてジェンダーの主流化を実現することが不可欠であることが明記された．
　本章では，まず環境問題をジェンダーの視点で捉えるとはどういうことかについて整理する．次に女性たちが展開してきた環境運動や政策提言活動と，それらを基盤として理論化されたエコフェミニズムや開発理論の潮流について説明する．そして環境政策における女性／ジェンダーの視点の主流化とその意義について，主な国際会議と国連会議における環境と女性／ジェンダーの議論に焦点をあて考察する．最後にジェンダーに公正で持続可能な社会の実現のための取り組みの現状と今後の課題について述べる．

## 5.1 環境問題と環境運動における女性

世界的な傾向として，女性はさまざまな環境運動や環境保全活動の担い手として重要な役割を果たしてきた．その理由は，女性たちがジェンダー役割ゆえに，日常的に自然とかかわることが多く，環境破壊の実態を把握し，破壊の影響を実感できる立場におかれているからだと言われている．本節では，環境と女性／ジェンダーという概念を登場させた歴史的背景として，女性と環境問題の関わり，女性と環境運動について取り上げる．

### 5.1.1 女性／ジェンダーの定義

本章の鍵となる女性／ジェンダーの定義をしておきたい．女性とは生物学的または社会的に規定されたひとつの性で，男性に対置されるものである．ジェンダーとは社会的・文化的に形成された性別を意味し，社会を分析するための視点として用いられる．ジェンダーが分析視点に用いられるのは，女性という集団が当該社会の固定的な性別役割分業や女性観により，不利な状態におかれているという不平等を是正することを目的としているからである．女性の視点という場合は，当該社会において十分に生かされていない女性が持つ経験にもとづく視点であり，ジェンダーの視点とは，性別にもとづく不平等がなく誰もが自分らしい生き方を選択し，決定に平等に参画できるジェンダー平等を目指す視点である．そして，ジェンダーの主流化とは，「ジェンダー平等を進めるための包括的取組みであり，ジェンダー平等の視点を全ての政策・施策・事業の企画立案段階から組み込んでいくことをいう」(田中，2004，1頁)．

具体的な環境にかかわる女性／ジェンダーの分析視点としては，①自然災害や環境破壊が男性と女性に与える影響，②環境問題解決のための政策や意思決定が男性と女性に与える社会的，経済的，健康的影響，③環境問題解決の手段や方法，言説に見られるジェンダー・バイアスの分析，④環境保全者としての女性の経験や知識の評価と，環境保全活動における女性の貢献についての分析，⑤環境保全活動の現場や環境政策の決定の場への女性の参加・参画の状況分析，などである．

## 5.1.2 環境問題と女性

　先進国では大量生産・大量消費・大量廃棄に象徴される「豊かさの代償」として環境問題が深刻さを増し，大気汚染，化学物質などによる健康被害が社会問題となっていった．一方，開発途上国においても，人口増加とそれにともなう貧困問題が深刻化し，その解決のための経済開発を加速させていった．その結果，自然環境破壊と健康被害を進行させるという社会的ジレンマに陥ることになった．このような環境問題はとりわけ女性と密接に結びついている．たとえば公害などによる環境被害は男女双方の健康に悪影響を与えるが，女性の体に有害化学物質が蓄積されることは，胎児や乳児の健康にとって脅威となるという次世代への影響が問題とされた．また，主に開発途上国における人口増加の解決をはかるための国家による人口調整策（避妊，不妊手術，中絶など）は，女性の人権侵害と身体への暴力となっている．さらに多くの女性たちは水，食料，燃料の調達，健康管理など，家族の生存に必要なものを供給するジェンダー役割（再生産役割）を担っているために，自然環境破壊の影響を受けやすい．つまり女性たちは日常的に自然とかかわっていることから，わずかな自然環境の異変にも敏感にならざるを得ない．それゆえ，女性たちは生活に根差した問題意識から，たとえ一人であっても環境破壊に立ち向かうために環境運動を起こしてきたのである（Mies and Shiva, 1993）．

## 5.1.3 環境運動・環境保全活動の担い手としての女性

　環境と女性／ジェンダー概念の理論化に影響を与えた，1960年代～1980年代の女性たちによる主な先駆的な環境運動の事例を，年代を追って紹介しておく．日本においては，北九州市の女性たちが工場から排出される煙や廃棄物汚染によって主に子どもが病気になっていることを憂慮して起こした「青空がほしい」運動（1960年代），水質浄化を目指す「びわ湖石けん運動」，食の安全性（農薬汚染，食品添加物など）の追求から始まった有機農産物の産直運動，無添加食品の共同購入活動など（1970年代～80年代）は世界的に知られている．海外の事例としては，アメリカの有害廃棄物による健康被害（とくに子どもに被害が集中）に対して女性たちが安全な撤去を求めた「ラブ・カナル化学薬品埋立地」

事件(1970年代),森林伐採に抵抗するために,女性たちが木に抱きつく(チプコ)という行動で食べ物,水,燃料,薬草の宝庫である森林を守ったインドのチプコ運動(1970年代),燃料と水を手に入れるために,「砂漠化は裏庭から始まる」を合言葉に砂漠化した土地に数百万本の木を植えるというケニヤのグリーン・ベルト運動(1970年代)などが有名である.

1980年代になると,自然環境破壊や「いのち」(ヒトや生き物)を破壊する軍事行動や戦争,そのための兵器や核などの開発を促す科学・技術そのものが環境問題として注目されるようになった.それにともない,反核・軍縮運動,核の平和利用と称する原発に反対する運動が活発になり,平和運動とエコロジー運動(人間も生態系の一部であるという観点から,自然環境と共生する生活や社会を構築することを目指した運動),環境運動(環境問題の改善・解決を求めて,展開される社会運動)とが重なり合うようになった.たとえば,米国・マサチューセッツ州では1979年に起きたスリーマイル島原子力発電所事故をきっかけにアメリカのエコフェミニストのイネストラ・キングが,1980年,1981年に「女性と地球の生命会議」(Women and life on earth : A Conference on Eco-Feminism in the eighties)を開催した.1981年には,数千人の女性たちが,あらゆる支配と暴力の象徴であるアメリカ国防総省(ペンタゴン)を毛糸で編んだクモの巣で囲ってしまおうという非暴力・直接行動「ウイメンズ・ペンタゴン・アクション1980」(Women's Pentagon Action 1980)を起こした.イギリスではグリーナム・コモンのミサイル基地への核配備に反対し,核のない,戦争のない社会を目指して,ゲート前で女性たちだけの座り込みが始まった.

そして,1986年に起きたチェルノブイリ原子力発電所事故は,世界中に大きな衝撃を与え,それまであまり環境問題に関心のなかった人々が環境運動や反原発運動にかかわるきっかけとなった.とくに放射能汚染の影響を受けたヨーロッパでは「次世代にとっての危険な環境」として女性を捉えた中絶論争を巻き起こし,子どもに安全な食べ物を与えることも,外で自由に遊ばせることもできない環境を生み出した原子力発電所の廃絶を求める活動が次々に起こった.

日本においても,四国電力の伊方原発がチェルノブイリと同様の出力調整実験を行うことに対して「原発とめよう伊方集会」が組織され,脱・反原発運動

が展開された．女性たちは自らの身体や子どもたちの身体を脅かす「今，目の前にある環境問題」を解決するための行動の過程で，たとえば夫からエコロジー運動への参加を止められたり，運動組織の決定過程にかかわることのできないもどかしさなどから男社会のさまざまな問題を実感することを通して，ジェンダーの視点で環境問題を捉えることの重要性に目覚めた．また，エネルギー問題を通して，自分たちは消費者として環境破壊に加担する者であるという認識をすることになった(奥田他，1998，112-140 頁)．

以上のように，女性たちは，世界の環境問題に対する取り組みにおいて，重要な役割を果たしてきた．そして，その過程でエコロジー的にもジェンダー平等の観点からも持続可能な社会を構築するための，オルタナティブ(新たな，別の)な価値を創りだすことの重要性に気づいた．そこから，それぞれの地域独自の文化的，社会的背景の中で具体的な実践と理論の統合の試みが行われ，環境危機とジェンダー不平等の相互関連を分析する環境と女性／ジェンダーという概念が導入されたのである．

## 5.2 環境と女性／ジェンダーに関する理論的系譜と潮流

環境と女性／ジェンダーに関する理論化の背景には，性差別をなくし，抑圧されていた女性の権利の拡張と女性の解放を目指したフェミニズムと，開発途上国から生まれた人間開発・社会開発分野における開発と女性(Women in Development：女性を開発過程に「統合」することに主眼をおく概念)というふたつのアプローチがあった．ひとつはエコフェミニズム(eco-feminism)であり，エコロジー運動とフェミニズム運動を背景として 1970 年代に生まれた考え方である．主に，すでに述べたような生活レベルに最も近い人々の運動・闘争から始まり，それらを基盤に，欧米を中心に理論が形成された．ここでいう運動・闘争とは，生命の源を守るために，子どもたち，動植物などすべての生物が生きていくことができるようにするための政治的実践をさしている．

もうひとつは開発途上国における貧困の女性化と環境破壊，人口増加という 3 つの重なりから，同じく 1970 年代に登場した，開発分野からの環境へのアプローチである．女性は自然資源の利用者として男性とは異なるニーズを持ち，

自然環境破壊の影響の受け方も男性とも異なる．どちらかといえば不利な状況に置かれているという現実の分析から，女性の環境に関する政策決定過程やプロジェクトへの参画が重要であるという女性のエンパワメントの視点に立ち，問題提起するものである．

### 5.2.1 エコフェミニズムの誕生

女性／ジェンダーの視点から人口問題，食の安全性，核問題などの社会環境問題や大気汚染，森林破壊，水質汚染などの自然環境問題を捉え，さらに環境問題に内在する固定化されたジェンダー観に切り込み，その原因の究明と問題解決を図ろうとする考えや政治行動は「エコフェミニズム」と呼ばれている．すでに述べたような1960年代から70年代に活発に展開されたエコロジー運動／環境運動，フェミニズム運動，平和運動を背景として登場し，オルタナティブな科学や技術の選択，開発問題，人権問題など非常に広い範囲を射程にいれて展開してきた．そして，環境と女性／ジェンダーの関係性について唯一，焦点化してきたエコフェミニズムは，環境危機とジェンダー不平等の相互関連を分析する視点を持つ．

エコフェミニズムという言葉自体は，フランスのフェミニスト作家，フランソワーズ・デュボンヌ(Françoise d'Eaubonne)が造語し，その著書『フェミニズムか死か』(Le Féminisme ou la Mort)(1974)で初めて用いたものである．デュボンヌは，環境破壊の原因は家父長制的資本主義と男性による女性の生殖機能の支配にあり，環境破壊の危機を乗り越えるためには，女性が重要な役割を果たすと述べ，女性たちに地球を救うためのエコロジー革命を呼びかけた．

エコフェミニズムが理論形成されてきた1970年代，1980年代は「持続可能な開発」という概念が登場した時代でもあり，地球環境問題が人類の危機として捉えられ，環境保全や保護への関心も高まりを見せた．その過程において人間と自然の相互関係に関心を持つフェミニストも増え，エコフェミニズムの形成に影響を与えた．したがって初期のエコフェミニズムでは，リベラル・フェミニズム，カルチュラル・フェミニズム，ソーシャル・フェミニズム，いわゆる「冠フェミニズム」を基礎においた3つのエコフェミニズムの潮流がつくられた(萩原，2002)．エコフェミニズムは自然／文化，女性／男性をそれぞれ対

立させ，社会レベルでの男性優位論，支配の正当化に結びつける二元論を問題としているが，自然と女性の関係を見る視点は一様ではない．したがって，女性と自然の関係をどのように捉えるのかによって，3つのエコフェミニズムが特徴づけられる．

3つのエコフェミニズムの概要を述べる前に，なぜ女性は自然と関係づけられ，男性に支配されるものとされてきたのかについて触れておきたい．科学史家でエコフェミニストのキャロリン・マーチャントは「はぐくむ自然と支配される自然」として，次のように述べている．

> 有機体説の中心をなすのは，自然，とくに地球を慈母とみなす考え方であった．つまり計画され秩序だった宇宙のなかで，人類の要求を満たしてくれるやさしく，恵み深い女である．しかし，女としての自然の，これとは逆のイメージもまた広くゆきわたっていた．激しい嵐や日照りやさまざまな混乱をもたらす，荒々しく御しがたい自然．このいずれもが女の性と同一視されたが，それはまた人間の見方を外界に投影したものでもあった．(中略)自然を無秩序とみなす第2のイメージは，力によって自然を御するという現代の重要な考え方を導きだした(マーチャント，1989，21頁)．

つまり，野蛮で手におえない自然は母なる地球，すなわち女性と結びつけられ，人間(男性)による自然(女性)の支配を正当化したというものである．

**リベラル・エコフェミニズム**　リベラル・エコフェミニズムの基となるリベラル・フェミニズムは1960年代から1970年代のフェミニズムの主流であり，女性が男性並みにキャッチアップするための法制度の確立など，男女平等社会の形成に重要な役割を果たした．リベラル・エコフェミニズムは環境問題の原因を自然環境，資源の過剰な開発，環境を汚染する物質の規制の失敗と認識している．そのため，環境問題の解決には科学・技術のさらなる発展と法律・制度が必要であるという，技術環境主義，改良環境主義の立場に近い．そして，これまで女性たちが排除されてきた科学・技術の分野や環境政策の意思決定の場，環境保全活動に男性と同等の立場で参画することによって女性は環境問題の解決に貢献するという考えを示してきた．このような考えに対しては，主にソーシャル・エコフェミニストから，近代産業社会に対する問題意識が欠如し，

現在の社会システムを容認したまま科学・技術や制度，ライフスタイルの修正によって環境問題の解決を図ろうとする考え方であるという批判がなされた．しかし，リベラル・エコフェミニズムの主張で重要な点は，科学・技術の開発や環境政策の意思決定の場に女性が参画することの重要性を指摘している点である．つまり，ジェンダー役割ゆえに環境問題の存在を比較的早い段階で発見する女性の知見や経験を政策的な対応に即座に反映させることにつながる可能性を高めるからである．

**カルチュラル・エコフェミニズム**　人間と自然，男性と女性を優劣関係で捉える二元論的ジレンマを克服するために，二元論そのものを解体するのではなく，むしろ「女性は地球と特別の関係がある」と，自然と女性の精神的な結びつきを強調するのがカルチュラル・エコフェミニズムである．1970年代に，女性は妊娠・出産・授乳という生物学的特徴から，歴史的に男性より自然に近い存在とみなされ，男性よりも劣った存在とされてきたことに対して，カルチュラル・フェミニズムは次のような主張を展開した．優劣関係，すなわち権力関係が人間による自然破壊と男性による女性の支配を正当化させてきた．それならば，女性と自然の地位を高めることによって両者を同時に解放することができるのではないかという考えを示した．つまり，自然破壊をしてきたのは家父長制的資本主義や科学・技術を価値の中心におく男性文化である，したがって破壊された自然を癒せるのは「女性文化」(破壊を直感的に感知し，ケア（世話）役割を担う女性の力)であるという主張である．

　このような本質主義的な考えを素地に持つカルチュラル・エコフェミニズムは「女性原理派」と呼ばれる．女性原理とは，社会を支配する文化，理性，能動，競争的など「男性原理」とされる特徴に対する言葉で，自然，直感，受動的，平和的原理を表すものとされ，男性原理の補完的，従属的原理とされているものである．このような考えに対しては，女性原理／男性原理とされる特徴は本質的なものではなく，単に社会的・文化的に割り当てられた当該社会のジェンダー役割を反映しているにすぎないという批判がフェミニストからなされた(Agarwal, 1991)．このような批判の裏には，女性こそが環境を癒す主役であると持ち上げようとする，ジェンダーの視点が欠如した男性エコロジストへの

警戒心があった．この点について，ソーシャル・エコフェミニストのイネストラ・キングは「エコロジーは必ずしもフェミニズムではない」と，次のように述べている(キング，1989，71頁)．

> 社会支配が女性蔑視と自然憎悪と相互に関連しているという，その核心をあばく綿密なフェミニストの分析がなければ，エコロジーは抽象化の域を脱せず，不完全なものとなる．もし男性の生態学者や社会生態学者が彼らの生活の中で自然憎悪の最も重大な表れである女性蔑視を扱うのを怠ったとしたら，彼らはエコロジカルな生活を送っていないことになるし，自身が主張するエコロジカルな社会を創造していないことになる．

**ソーシャル・エコフェミニズム**　ソーシャル・エコフェミニズムは，人間による自然の支配(環境的不公正＝環境破壊)が人間による人間の支配(社会的不公正＝差別)から生じるという，ソーシャル・エコロジーの考えを基礎においている(ブクチン，1996)．すなわち，男性／女性，文化／自然を対立させ，男性による女性の支配を正当化してきたヒエラルキー的二元論を批判する．そして支配の根拠を家父長制的資本主義において，女性と自然を資源として利用し，男性(人間)による支配を自明としてきたことにこそ女性差別と環境破壊の根源があると分析する．さらに，人種間，民族間，男女間，国家間など社会に存在するあらゆる従属的な関係を壊し，あらゆる支配の構造が無くなったときに，女性は解放され，環境的にも社会的にも公正な社会が実現すると主張する．

ソーシャル・エコフェミニズムはカルチュラル・エコフェミニズムと同様に男性と女性の生物学的違い(生殖能力)を認めるが，その生物学的違いを根拠とした本質論については批判的な考えを示す．女性原理，男性原理とされている特徴は生物学的特徴にもとづくような本質的なものではなく，双方がそれぞれの特徴を併せ持つという弁証法的な立場にたつ．そのためには男性と女性，文化と自然の間にある境界線を破ることがエコフェミニズムの使命のひとつであるとしている(メラー，1993)．よって，ソーシャル・エコフェミニズムは，人間による自然の支配，男性による女性の支配を逆転させることが目的ではなく，人間が自然を破壊・搾取することなく，また男女間においても男性が女性を抑圧・搾取することのない関係をどのように創っていくのか，そのための新しい

しくみと新しいパラダイムの構築が極めて重要だと考えている(ミース，1994)．

**エコフェミニズムと持続可能性**　以上，1970年代に登場し，理論的発展をしたエコフェミニズムについて，概観してきた．これら3つのエコフェミニズムは「人間と自然の関係性の改善に関心を持つ」(マーチャント，1994，250頁)という点，運動のために相互に影響しあいながら理論を形成，発展させてきたことは共通している(ミース，1994)．しかしながらエコフェミニズムが語られる際には，本質主義的な側面のみが強調される傾向があるのも確かである．だが，それは一面的な見方にすぎない．むしろ，女性は自然に近いから，女性が自然の特権的な理解者であり未来の救世主であるという考えを退け，人間が自然を破壊・搾取することのない関係やシステムをどのように構築するか，男女間においても男性が女性を抑圧・搾取することのない関係をどのように創っていくのかを志向するものとして理解されるべきものである．

ミースが「女性でなくても，今あるシステムの非人間的な側面はわかる．支配・搾取・抑圧にどう立ち向かっていくのかに論点がある」といみじくも述べているように(ミース，1994，83頁)，エコフェミニズムは①自然環境の搾取と女性の男性による支配を正当化した家父長制的資本主義を批判し，②開発途上国の搾取と抑圧にかかわる開発問題と環境破壊の問題を重視し，人間社会の不公正と環境破壊のつながりを追及する実践であり，思想である．

そしてエコフェミニズムが目指すべき持続可能な社会は，利潤よりも生命とつながっている暮らしを大事に，破壊，暴力，支配，争い，差別といった言葉とは無縁の社会を創ることにある．したがって，エコフェミニズムにおける「持続可能性」とは，環境的公正(社会的公正を含む)とジェンダー的公正を同時に達成することを基底にした「持続可能性」であり，「持続可能な全地球的環境と人間の欲求を充足する公正な人間の経済への転換」(マーチャント，1994，269頁)を展望するものである．言い換えれば，物質的な持続可能性(資源や環境容量など)や環境問題を経済的なコスト視点から考える「経済的持続可能性」(環境税，技術革新による解決)だけではなく，「環境問題を経済的視点からだけでなく，社会的公平や環境への負荷といったことから経済システムのあり方そのものを問い直す社会的視点，倫理的視点」を含む「環境的・エコロジー的持続可

能性」を志向しているのである(大森，2010, 114 頁).

### 5.2.2 開発における女性・環境アプローチ

自然の支配と女性の支配には関連があるという視点は，エコフェミニズムの形成，発展のみならず，持続可能な開発をめぐる議論にも影響を与え，開発と女性(WID)における環境アプローチに寄与した．ここでは，WID が登場した背景と，その分野からの環境アプローチについて述べる．

国連は 1960 年代の経済開発の成果が社会の底辺の人々(とくに女性，子ども)まで浸透しなかったという認識にたち，デンマークの経済学者ボズラップ(Ester Boserup)に過去のデータにもとづいて，主に開発途上国での経済開発における女性の役割に注目した研究を委嘱した．その報告書『経済開発における女性の役割』(Boserup, 1970)で，ボズラップは既存の経済開発が男性と女性に対してそれぞれ違った影響を及ぼしていることを問題提起した．とりわけ経済開発における科学や技術の移転は男性に効果をもたらした一方で，経済開発全体の担い手としての女性を認めることなく，開発過程から排除しているために，多くの場合，女性は負の影響を受け，開発によって「周辺化」されることを論証している．

「周辺化」の具体的事例として「アフリカでは伝統的に男女が一緒に農作業にあたっていたが，宗主国によるコーヒーや紅茶などのプランテーション開発が進んだ結果，肥沃な耕地はプランテーションに変えられ，男性はプランテーションの賃金労働者として雇用され，痩せた土地での自給作物の栽培は女性の仕事となり，そして「男は外，女は内」という男女の役割分業が進み，現金収入を得られない女性の地位も相対的に低下した」ことをあげている(国際協力機構，2009, 17 頁).

簡潔にいうとボズラップは先進諸国が持ち込んだ「固定的性別役割分業観」(男性が生産者で女性は再生産者(家事，水汲み，薪集め，出産，育児や介護などの無償のケア・ワークの担い手))が，女性たちがそれまで担っていた生産上の役割を無視したことにより，女性は開発過程から不可視化(見えない存在)にされていることを明らかにしたのである．このようなボズラップの分析から WID が生まれ，その後 1980 年代にジェンダー概念が結びついてジェンダーと開発(Gender and Development: GAD．男女に公平な開発成果をもたらすには「男性と女性の相対的な関係」や「女性に差別的な制度や社会システム」を変えていくことが必要であるとする概念）へと発展していった．

　そして，開発途上国における女性の問題は，環境の観点からも注目されるようになった．女性は多くの場合，家族の基本的ニーズを充足する役割を担っているために，先進国以上に自然環境に依存している．つまり女性は自然資源の管理者であると同時に，環境劣化や環境破壊の影響を最初に受けやすい存在でもある．環境破壊が女性の貧困[1]，生存そのものと密接につながっていることが可視化されるようになり，WID の現場に「環境アプローチ」が新たな視点として用いられるようになった．実際，1980 年代後期には，「女性，環境，持続可能な開発」というテーマが国際的な会議の場において議論されるようになり，開発と環境の論点として確立された．そして，地球的規模の環境危機の深刻化や貧困の増大がジェンダー不平等と結びついていることの認識が深まり，「その結果，持続可能な開発の社会的側面を強調することで，女性の声が持続可能な開発をめぐる議論に加わってくることになったのである」（ブライドッチ他，1999，24 頁）．

　エコフェミニズムの議論および開発途上国の環境と女性の現状分析と実践から導き出された環境と女性／ジェンダーという概念は，これらの問題の解決には女性のエンパワメントとあらゆる場への女性の意思決定過程への参画が不可欠であるという政治的アプローチへと向かうことになる．しかし，「個人や地域社会，また一国政府の努力と責任だけでは，これは達成できず，国際社会全体としての取り組みが必要である」（村松，2005，28 頁）という状況があった．その意味で，次節で述べる国際的な会議や国連会議の場は，ジェンダー平等で，持続可能な開発／社会の実現を目指す政策決定に影響を及ぼす場として重要な機能を果たすことになった．

## 5.3　環境と女性／ジェンダーの主流化

　国連会議において環境と女性／ジェンダーにスポットがあてられるようになったのは，女性に関する会議と環境に関する会議の両方からである．本節では，

主な女性会議および環境会議において，どのような女性／ジェンダーに関わる議論がなされ，環境における女性／ジェンダーの主流化がなされたのかについて会議の年代を追いながら述べることにする．

### 5.3.1 女性会議における環境と女性／ジェンダー

　女性会議において環境と女性／ジェンダーのかかわりを公式に成果文書で明示したのは，1985年ナイロビで開催された第3回世界女性会議[2]と1995年北京で開催された第4回世界女性会議である．前者は平等・開発・平和をスローガンに掲げた「国連女性の10年」(1976-1985年)[3]の最終年に開催された．ここで採択された文書「西暦2000年に向けて女性の地位向上のための将来戦略」(ナイロビ将来戦略)の12の行動分野のひとつに「環境」が取り上げられた．具体的には，自然環境の破壊による影響は女性，とくに貧困女性に影響を与えることが指摘され，環境保全活動への女性の参加・参画の促進や，生態系管理者としての女性の参加，環境保全活動を通した経済的報酬の獲得などが目標として掲げられた．前項で述べたように，開発と女性の環境アプローチにより，環境破壊による女性への影響や自然環境の管理者としての女性の役割についての認識の広まりが，ナイロビ将来戦略で環境分野を取り上げる素地をつくったといえる(ブライドッチ他，1999)．

　しかしながら，5年後の1990年に国際連合経済社会理事会が実施した第1回ナイロビ将来戦略の見直しでは，「環境の問題は男女を含めてすべての人々の生活に影響を与える．環境についての意思決定への婦人の参加は，この問題についての婦人の高い関心とそれへの関与にもかかわらず，制限されている」として，次のような勧告が行われている．

　　　政府は個々の婦人及び婦人団体を環境についての意思決定に参加させるような努力をすべきである．環境問題と環境と日常生活との関係についての教育的プログラムが開発されるべきである．1992年の「環境と開発に関する国連会議」は，特に国内及び国際レベルの両方の問題に婦人を振り向かせるとともに，婦人の経験と知識が完全に考慮されるように婦人と環境問題への取り組みを考えるべきである(内閣府男女共同参画局)．

　第4回世界女性会議では，社会の全体的な構造，男女間のあらゆる関係性を

再評価するべきであることが認識され，「女性」から「ジェンダー」へと議論をシフトさせる場となった．性差による権力構造を可視化する「ジェンダー」概念にもとづいて，国家制度，経済構造，伝統や慣習など，女性の人権確立を妨げるあらゆる要素を問題とした．そして，「北京行動綱領」ではそれぞれの重点項目の戦略目標と，政府およびNGO等のとるべき行動指針が示されたが，とくにその分野のひとつとして，セクションK「環境と女性」が取り上げられた．戦略目標として，①すべての政策・事業にジェンダー平等の視点を取り入れること，②あらゆる意思決定過程への男女平等な参加を保障することが掲げられ，ジェンダー平等化と女性のエンパワメントを達成することを目指すジェンダーの主流化が合意された重要な会議である．

### 5.3.2 環境会議における女性／ジェンダー

1991年マイアミで「健康な惑星のための世界会議」(World Women's Congress for a Healthy Planet，以下，マイアミ会議)が開催された．国際会議において環境と女性のかかわりについて議題にあげ，環境における女性の主流化を初めて議論した重要な会議として位置づけられている．この会議は，1992年リオデジャネイロで開催された「国連環境開発会議」(UNCED)に半年先駆けて開かれたNGO主催の国際会議で，世界83か国，1500人を超える女性たちが集った．なぜUNCEDの前年にこの会議が開催されたのか．

マイアミ会議を主催したのは「女性による環境と開発の組織」(Women's Environment and Development Organization: WEDO)である．WEDOは1990年10月にニューヨークで開かれた「女性国際政策活動委員会」(32か国，55人の女性の活動家と専門家が参加)において，世界中の女性たちを組織化することの重要性が議論されたことを受け，1991年に創立された．WEDOは世界の女性の権利擁護機関として，人権，ジェンダーの平等，環境保全を促進することを目的に社会的，経済的，環境正義と持続可能な開発の原則(グローバルおよび各国政府の政策，プログラムや実践)の連携に貢献することを使命として，今日まで活動を展開している．

WEDOが創設され，活発なロビー活動が展開された背景には「世界の人口の半分は女性である，しかし女性，家族そして地球の存続に影響を及ぼす環境

および開発政策の場に事実上女性の発言権が認められていない．この事実は1972年に初めて国連環境会議が開かれて以来のことであり，現在でもそのことに変わりはない」という問題意識があった．

マイアミ会議では，社会的公正の視点にたった新しい開発や環境政策を提案するために活発な議論を展開した．会議の目標として以下の3点が掲げられた．
① 女性が男性と平等の立場で政策・方針決定者になることにより，政治システムを変えることも含めて，これまでとは違う方法の可能性を示すこと．
② 持続可能な開発と環境保全／保護に果たす女性の役割を示すこと．
③ 女性の視点から経済政策，人口政策，貧困政策，戦争，核・原子力による環境破壊等の問題を議論すること．

そして，その最終的な目的は，UNCED で策定されることになっていた行動計画「アジェンダ21」に対する女性の視点からの批判的提案としての行動計画をまとめること，そして，環境と開発に関する世界中の女性たちのネットワークを確立することにあった．

**「女性のアクション・アジェンダ21」の意義**　マイアミ会議では，多様な背景，地域から集まった女性たちが支配的な開発の在り方を批判する立場で一致し，行動計画「女性のアクション・アジェンダ21」(Women's Action Agenda 21)を作成し，採択した．「女性のアクション・アジェンダ21」は，環境における女性の主流化を目指したもので，環境と開発にかかわる地域，国家，国際的な意思決定に女性の視点をいれるための行動指針となるよう作成された[4]．それは，グローバルな問題から女性の権利，人口政策と健康，対外債務と貿易，消費者運動と女性，貧困，土地所有，食物の安全と信頼性まで非常に幅広い内容となっており，「グローバルな女性運動における重要な突破口，歴史的な分水嶺」と位置付けられている（ブライドッチ他，1999，12頁）．

会議最終日に，「女性のアクション・アジェンダ21」が宣言され，来賓として招かれていた UNCED 事務局長モーリス・ストロングに手渡された．そのことによって UNCED に向けた第3次準備委員会で採用された草案に「開発という点で持続不可能な世界秩序や世界潮流に終止符を打ち，民衆，とくに女性や子どもたちの権利を考慮した新たな開発パラダイムに置き換える」（第281

条)という条項が加わった．これが最終的に UNCED で採択された行動計画「アジェンダ21」の第24章につながったことは，大きな成果であったといえる．

### 5.3.3　環境会議における女性／ジェンダー

　環境会議において，女性の課題との関連で国連会議の場に初めて公式に議論されたのは，UNCED である．UNCED は「環境保全と経済開発の両立」をテーマに21世紀に向け，持続可能な開発を実現するための方策を立案，決定することを目的に開催された．そこで採択された行動計画「アジェンダ21」に第24章「持続可能かつ公平な開発に向けた女性のための地球規模の行動」という項目が掲げられ，地球環境保全や持続可能で公平な開発，環境政策立案における女性の役割を認め，そのためには女性の地位向上が前提であることが明記された．環境と持続可能な開発の議論における女性の視点と女性の声は，グローバルで多様な危機や問題の解決の方向性を探るうえで，必要不可欠であることが認知され，女性の主流化が各国政府の取り組むべき重要課題となった．そして，2000年9月ニューヨークで開催された国連ミレニアム・サミットではミレニアム開発目標(MDGs)がまとめられ，2015年までに達成すべき8つの目標のひとつにジェンダー平等の推進と女性の地位向上が掲げられた．

　さらに2002年ヨハネスブルグで開催された「持続可能な開発に関する世界首脳会議」(WSSD)の「実施計画」においては，女性が環境面でのリスクを大きく負っていること，ジェンダーの視点にたった政策・施策が環境管理に欠かせず，ジェンダーと環境管理の関連性に対する各国政府や社会の認識を高める努力を行う必要性が強調された．そしてジェンダーの公平性とより安全な環境，さらにコミュニティの生活改善のための活動の重要性が宣言されている．持続可能な開発においては当該社会のジェンダー役割分担やジェンダー関係を理解し，社会的に不利な状況にある男女双方が社会的な発言権を強めながら政治的・経済的・社会的な力をつけるために，制度や政策を変革する開発を推進することの重要性が改めて確認された．

## 5.3.4　環境における女性／ジェンダー主流化の現状

　以上，国連を中心とする政策決定の場において女性／ジェンダーがどのように統合されてきたかについて概観してきた．中でも UNCED は環境における女性の主流化という点で特筆すべき会議であり，その後の環境と持続可能な開発にかかわる会議で女性が発言する機会を得るきっかけとなったという点でも重要である．しかし，現状はどうかという点について，WSSD や国連持続可能な発展会議（リオ＋20）の準備段階から関わり，本会議にも参加している織田由紀子は次のように述べている．

　　　20 年過ぎた今日，持続可能な開発における男女の平等な参画の実現には程遠い現状である．いまだ，なぜ持続可能な開発についての会議の議題に女性のエンパワメントやジェンダー平等が入っているのか，との疑問が呈されることさえある．この 20 年間，地球温暖化や生物多様性に対する理解が大きく進んだことに比して，ジェンダー平等は持続可能な社会の基本であるとの理解は十分に進んだとはいえない（織田，2012b，82 頁）．

UNCED から 20 年後の 2012 年リオデジャネイロで開催されたリオ＋20 は「ジェンダー平等が持続可能な開発の重要な基盤であることを世界が再確認する場であり，20 年後には同じ主張を繰り返さなくてもよいようにしたいということが女性たちの「私たちの望む未来」である」（織田，2012b，82 頁）と女性たちが期待をし，臨んだ会議である．しかし，リオ＋20 の成果文書に対して女性たちから出された評価は「非常に失望した」というものであった．

## 5.4　リオ＋20 の成果文書と女性／ジェンダーの主流化の今後の課題

　リオ＋20 の成果文書『私たちが望む未来』[5]にどれほど女性たちの提言が反映できたのだろうか．リオ＋20 の政府間会議およびサイドイベントとして開催された「女性たちが望む未来——リーダーのフォーラム」(UN Women 主催，2012 年，6 月 19 日) に参加していた織田の分析と，リオ＋20 成果文書に対する女性メジャーグループの最終意見をもとに，環境におけるジェンダーの主流化

の現状と今後の課題についてまとめてみたい．

　織田は，成果文書をジェンダー平等と女性のエンパワメントの視点から見ると，テーマ別分野および分野横断的課題の 26 分野の最後に「ジェンダーと女性のエンパワメント」として全 9 パラグラフが記されているが，それを除く 25 分野のうち，女性／ジェンダーについて触れられていない分野が 13（観光，交通，後発開発途上国，内陸低開発，アフリカ，地域的努力，気候変動，森林，生物多様性，山岳，化学物質・廃棄物，持続可能な生産と消費，鉱業（採掘業））あると指摘している．また，これまでの会議の成果文書の再確認が多かったり，particularly, including women のように女性をつけ加えたりしたものが多いなど，問題点を指摘している．ジェンダーの主流化とは，ジェンダーの視点をすべての政策・施策・事業の企画立案段階から組み込んでいくことであり，その点からいっても，女性／ジェンダーに言及していない分野があることは，ジェンダーの主流化の視点からいって明らかに後退していることがわかる（織田，2012a）．

　女性メジャーグループ（Women's Major Group: WMG．世界中の 200 以上の団体によって構成されている）は，成果文書に対して，「女性の権利は押し戻された」と批判的な見解を示した．とくに放射能汚染とその深刻な健康や自然環境への影響について全く触れられていなかった点については，「健康な環境に向けての権利の否定」であると批判した．またメインテーマであった持続可能な発展および貧困根絶の文脈におけるグリーン経済に対しても，「グリーン・ウオッシュ」（企業などが，環境への配慮が不十分であるにもかかわらず取り組んでいるように見せかけたり，実態よりも誇張した表示や広報をしたりするだましの行為）以外のものではないと断言している．

　WMG はリオ＋20 について，次のような最終意見を述べている．

> リオ＋20 は政府が，貧困や環境破壊を終わらせ，最も脆弱な人々の権利を守り，女性の権利および女性のリーダーシップを十全に実施するための具体的な手段をとるための歩みを進める歴史的チャンスであった．しかるに今日私たちは，貧困，不公正の増加，回復不能な環境の危険に直面している．これは私たちが望む未来ではなく，私たちが必要としている未来でもない（リオ＋20 の成果文書に対する女性メジャーグループの最終意見，2012 年 6 月 24 日）[6]．

リオ＋20では，2015年のMDGs達成期限を目前に，次の主要な政策課題としてポスト2015年開発アジェンダに「持続可能な開発目標」(SDGs)を統合することが決定され，2015年9月の国連総会で決議がされることになっている．多くの解決すべき課題についての17の目標のひとつに，ジェンダー平等と女性のエンパワメントも位置づけられ，ジェンダー平等が持続可能な開発にとって欠かせない重要なものであることが再び明示された．その意味するところは，いみじくもUNDPがMDGs最終年を目前に，女性や女子のエンパワメントに向けた活動の再活性化を呼びかけているように，まだまだ満足のいくような成果が得られていない表れでもある．ジェンダー不平等の課題の解決には長期的かつ地道な取り組みが求められるが，ジェンダー平等の考えが広く世界に認識され，実行されることが期待される．

## おわりに

　女性たちはエコフェミニズムと環境，開発の視点を含む包括的，統一的な論理に裏づけされた運動を展開し，グローバルなネットワークを強化して，女性／ジェンダーの視点を女性と環境にかかわる国際会議や国連会議の国際的合意文書に盛り込むことに取り組んできた．もちろん条約のような拘束力はないにしても，国際的に合意された行動計画や成果文書が各国の政府を動かすうえで重要な基盤となることを一連の国連会議[7]のプロセスに参加した女性たちは認識することになった．マイアミ会議を主催し，UNCEDで女性を主流化するのに中心的な役割を果たしたWEDOは，2002年ヨハネスブルグで開催されたWSSDにおいても，その準備過程から積極的にロビー活動を行い，新たに「健康で平和な惑星のための女性の行動アジェンダ2015」を作成した．これは，「平和，人権，グローバル化，自然資源管理，健康，ガバナンスを持続可能な開発の柱とするように提案」するものであり，女性のヴィジョンを示すとともに，持続可能な開発の議題の枠組みそのものを変えることを意識して作成されている(織田，2003，85-86頁)．

　リオ＋20では，会議の準備段階からWMGが形成した「女性Rio 2012実行委員会」の活躍が際立った．WMGは，世界中にいるメンバーとメールで討議

し，情報を皆で共有しながら文書を作成してリオ＋20事務局に提案するという方法をとっていた．また，インターネット，ソーシャルメディアをフル活用してオンライン調査(RIO＋20持続可能な開発に関するアンケート調査──ジェンダーの視点から)[8]を行い，世界中の女性たちのニーズと声を集約し，リオの本会議の成果文書にジェンダー平等とエンパワメントを盛り込むために活発なロビー活動を展開した．

　このような女性たちの活動の基底にあるのは「女性の行動アジェンダ2015」に掲げられているように，「人権・平和を中心にし，人と地球を経済的利益に優先させる経済的枠組みに基づく持続可能な社会づくり」である(織田，2003，89頁)．ジェンダー平等を含む社会的公正が達成されない限り，持続可能な社会の形成はあり得ない．これはエコフェミニズムが一貫して行ってきた主張である．

　「私たちが必要としている未来」のためには，今，何が必要なのだろうか．

　　世界の人口の半分を占める女性が，持続可能な開発を現実のものとさせるあらゆる側面で，平等な機会と強力な発言権を持つことが必要です(ミチェル・バチェレ UN Women 事務局長(2012年当時)[9])．

環境的公正と社会的，ジェンダー的公正で持続可能な社会の実現をめざす女性たちの挑戦は続く．

注

1) 国連開発計画(UNDP)は，世界の貧困人口の70％は女性と子どもであると報告している(国連開発計画，1995)．
2) 1980年コペンハーゲンで開催された第2回世界女性会議のNGOフォーラムで出された「エコフェミ宣言」は，政府間会議においてではないので非公式と位置づける．この宣言は，女性，自然，開発途上国を搾取することで成り立つ近代産業社会の不公正を指摘し，高度に産業化された社会の発展，成長というイデオロギーを批判するものであった(青木，1983，233頁)．
3) 1975年メキシコ・シティで開催された第1回世界女性会議において設定された．
4) 「女性のアクション・アジェンダ21」健康な地球のための世界女性会議(1992)46-58頁．
5) http://www.mofa.go.jp/mofaj/gaiko/kankyo/rio_p20/pdfs/gaiyo2.pdf
6) http://www.wecf.eu/download/2012/june2012/jWomensMajorGroup-RIO20_FINAL STATEMENT_24June2012.pdf
7) 一連の国連会議とは，世界人権会議(1993)，性と生殖に対する女性の権利を確認した

カイロ人口会議(1994)，環境・開発・人権・貧困・人口・平和などが問題の枠組みとして提示された社会開発会議(1995)がある．
8) http://unwomenjapan.files.wordpress.com/2012/04/survey-6-key-questions-final_japanese1.pdf
9) www.unwomen-nc.jp/wp-content/uploads/2012/11/rio20.pdf

### 文献

青木やよひ編(1983)『フェミニズムの宇宙』新評論．
池田恵子(2002)「バングラデシュの冠水期における世帯の危機管理とジェンダー」田中由美子他編『開発とジェンダー　エンパワーメントの国際協力』国際協力出版会，216-220頁．
大森一三(2010)「プルラリズムとしての「サステイナビリティ」概念──「サステイナビリティ(持続可能性)概念」の二義性について」『サステイナビリティ研究』第1号，法政大学，109-118頁．
奥田暁子・近藤和子・竹見智恵子他(1998)「エコフェミニズムを習う」『現代思想』第26巻第6号，112-140頁．
織田由紀子(2002)「女性の主流化からジェンダーの視点の主流化へ──「アジェンダ21」第24章および「北京行動綱領」k．女性と環境の日本における実施と課題」『アジア女性研究』第11号，(財)アジア女性交流・研究フォーラム，106-116頁．
織田由紀子(2003)「ジェンダーの視点からみた「実施計画」」『環境研究』第128号，81-90頁．
織田由紀子(2005)「健康・環境・ジェンダー──国連文書ではどう表されてきたか」『アジア女性研究』第14号，96-103頁．
織田由紀子(2012a)「リオ＋20参加報告」内閣府男女共同参画推進連携会議「第56回国連婦人の地位委員会(CSW)及び環境と女性(リオ＋20)について聞く会」(8月6日)．
織田由紀子(2012b)「リオ＋20への女性グループからのインプット」『環境研究』第166号，82-90頁．
Y．キング(1989)「「エコ・フェミニズム」と「フェミニストのエコロジー」に向けて」ジョアン・ロスチャイルド編／綿貫礼子他訳『女性vsテクノロジー』新評論，63-78頁．
Y．キング(1994)「傷を癒す──フェミニズム，エコロジー，そして自然と文化の二元論」I．ダイアモンド，G.F.オレンスタイン編／奥田暁子・近藤和子訳『世界を織りなおす』学芸書林，185-206頁．
健康な地球のための世界女性会議編／池田真理訳(1992)「女性のアクション・アジェンダ21」『社会運動』第147号，46-58頁．
国際協力機構(JICA)(2009)『課題別指針──ジェンダーと開発』独立行政法人国際協力機構公共政策部／ジェンダーと開発タスクフォース，1-140頁．
国連開発計画(1995)『人間開発報告書　ジェンダーと人間開発』国際協力出版会．
I．ダイヤモンド他／奥田暁子・近藤和子訳(1994)『世界を織りなおす──エコフェミニズムの開花』学芸書林．
田中由美子・大沢真理・伊藤るり編著(2002)『開発とジェンダー──エンパワーメントの国際協力』国際協力出版会．
田中由美子(2004)「国際協力におけるジェンダー主流化とジェンダー政策評価──多元的視点による政策評価の一考察」『日本評価研究』第4巻第2号，1-12頁．
F．ドゥ・ボンヌ／辻由美訳(1983)「エコロジーとフェミニズム」青木やよひ編『フェミニズムの宇宙』新評論，180-189頁．
内閣府男女共同参画局「平成13年度女性の政策・方針決定参画状況調べ」http://www．

gender.go.jp/research/kenkyu/sankakujokyo/2001/5-12.html(2015.3.26).
萩原なつ子(2001)「ジェンダーの視点で捉える環境問題――エコフェミニズムの立場から」長谷川公一編『講座 環境社会学』第4巻，有斐閣，35-64頁.
萩原なつ子(2002)「環境とジェンダー――「自然との共存」」田中由美子他編『開発とジェンダー エンパワーメントの国際協力』国際協力出版会，206-215頁.
萩原なつ子(2003a)「フェミニズムからみた環境問題――リプロダクティブ・ヘルスの視点から」桜井厚・好井裕明編『差別と環境問題の社会学』新曜社，117-141頁.
萩原なつ子(2003b)「エコフェミニズム」奥田暁子・秋山洋子・支倉寿子編『概説フェミニズム思想史』ミネルヴァ書房，271-286頁.
原ひろ子(2011)「人口・環境・開発のジェンダー課題――「開発とジェンダー」研究の視点から」大沢真理編『公正なグローバル・コミュニティを』岩波書店，95-120頁.
M.ブクチン／萩原なつ子他訳(1996)『エコロジーと社会』白水社.
R.ブライドッチ他／壽福眞美監訳(1999)『グローバル・フェミニズム――女性・環境・持続可能な開発』青木書店.
C.マーチャント／団まりな他訳(1989)『自然の死――科学革命と女・エコロジー』工作舎.
C.マーチャント／川本隆史他訳(1994)『ラディカルエコロジー』産業図書.
C.モーザ／久保田賢一他訳(1996)『ジェンダー・開発・NGO――私たち自身のエンパワーメント』新評論.
M.ミース(1994)「エコロジーとフェミニズム」国際交流基金『平成5年度欧州女性環境問題研究グループ招聘事業』，77-83頁.
M.ミース／奥田暁子訳(1997)『国際分業と女性』日本経済評論社.
村松安子(2005)『「ジェンダーと開発」論の形成と展開――経済学のジェンダー化への試み』未来社.
M.メラー／壽福眞美他訳(1993)『境界線を破る！――エコ・フェミ社会主義に向かって』新評論.

Agarwal, B. (1991), "Engendering the environment debate: Lessons from the Indian subcontinent," East Lansing, Michigan: Center for Advanced Study of International Development, Michigan State University.
Boserup, E. (1970), *Woman's Role in Economic Development*, New York: St. Martin's press.
Mies, M. and V. Shiva (1993), *Ecofeminism*, Halifax: Zed Books.

http://www.jica.go.jp/activities/issues/gender/
http://www.gender.go.jp/international/int_kaigi/int_women_kaigi/index.html
http://www.wedo.org/about

# 第6章　エコツーリズムと環境保全

薮 田 雅 弘

## はじめに

　発展途上国の中には，自然の景観や生態系あるいは生活スタイルや文化財を，観光の対象(地域観光資源)として保全することで，外貨獲得を通じた経済成長の手段としているところがある．地域観光資源を活用することは，地域の人々の所得の源泉となり貧困の解消につながるであろうが，一方で，これら地域観光資源の保全なしには，持続可能な地域社会の存続は困難である．他方，グローバル化する経済にあって，観光は地域のもっとも有力な発展手段の一つとして注目を浴びている．しかし，このような地域では，地域観光資源を活用することが，短期的，直接的な経済的利益へとつながるために，ともすれば資源の過剰利用が生じ，環境や文化が破壊される事態も起きている．こうして観光については，観光開発と観光資源保全の両立が常に迫られている．
　観光に限らず，これまでも経済の発展に伴う環境破壊の歴史は繰り返され多くの悲劇が生み出されてきた．その中でわかってきたことは，地域が持続可能に発展するためには，経営者や雇用者のみならず，地域の人々，消費者，国や自治体などすべての主体(ステークホルダー)の関与の在り方(ガバナンスの総体)が重要であるという事である．エコツーリズムは，地域観光資源を保全し，持続可能な観光発展を可能にするための観光の在り方を意味する．本章では，エコツーリズムが展開されてきた歴史や背景ならびに，その背後にある考え方を整理する．また，事例を紹介しながら，エコツーリズムを展開するためには，何が必要かを考察する．

## 6.1 エコツーリズムとは何か

本節では，その用語の意味や利用が広汎であることから必ずしも統一的な定義がないとされるエコツーリズムについて，これまで論じられ検討されてきた論点をまとめ，エコツーリズムの概念が，その対象や目的など，時代とともに広がりを見せている点を示す．

### 6.1.1 エコツーリズム——概念のはじまり

エコツーリズムは，もともと，中南米やアフリカへの旅行者が，訪問先の地域の文化や生態系を十分理解せず，むしろ環境破壊に加担してきた反省から議論が進んできたものである．もちろん環境破壊をもたらしたのは，観光だけではない．今やエコツーリズムの代表格となったコスタリカでは，現在でこそ森林面積は国土の半分を上回っているが，開発や違法伐採によって 1980 年代にはわずか 4 分の 1 にまで落ち込んでいた．その後の森林や生態系回復の背景には，平和憲法の制定や森林法の整備などがあるが，自然の恩恵がもたらす様々な価値を認識し（これらは，生態系サービスへの支払い——Payment for Ecological Service: PES——と呼ばれている），保全を行うことが住民の収入につながる仕組みをつくったことが大きい．また，国立公園など自然保護区の拡充によって豊かな生態系が保全される中で，自然環境を保全しながら地域観光資源として利用し，観光地への入場料やツアーガイドによる収入の確立など，地域経済に貢献するエコツーリズムが始まる．コスタリカの訪問を通じて，観光客はその生態系やそれらに裏付けられた人々の生活を体験するばかりでなく，積極的に環境保全に貢献するようになったのである．

こうして，エコツーリズムは，住民や観光客が，地域観光資源保全の重要性を理解するという教育的側面をもちながら，保全自体が地域にとって有益かつ持続可能な観光づくりをもたらすという観光の形態と考えられてきた．しかし，エコツーリズムは，経済，環境，社会面で様々なステークホルダーが関わる広い概念であるために，どの視点から問題を考えるかに応じて定義も様々である．コスタリカでは外国人観光客の数は，1980 年代後半には 30 万人程度であった

ものから，2013年には243万人まで急増している[1]．背景には，経済のグローバル化のもとで，先進国からの観光客を受け入れるマリーンリゾートの開発があり，ホテルなど観光関連業の急成長があった．このような大量の観光客が押し寄せる観光に対して，コスタリカ観光局の主導のもとに，自然環境への影響，エネルギー節約や汚染削減に対する施策によって，観光代理店，ホテルなどの観光関連業者を五段階のレベルで評価する制度(Certification for Sustainable Tourism: CST)が導入されている(武田，2012)．

コスタリカに限らず多くの途上国では，一方でエコツーリズム本来のニッチ観光をベースにした観光展開を図る一方で，新たに地域観光資源を発掘したり，世界遺産登録を通じて地域観光資源のブランド力を高めたりする手法で，国や地域の経済成長と外貨収入の確保といった目的のために観光開発が行われている．しかし，その形態や規模に違いはあるにせよ，地域の観光発展がもたなければならない最小限度の条件がある．それは，コスタリカのCSTが示すように，持続可能な観光を保証することである．こうして，エコツーリズムについては，とりわけ持続可能な観光開発といった点がより重視されるようになった．

### 6.1.2　エコツーリズム——概念の展開

ところで，エコツーリズムという用語がアカデミックな専門誌に登場するようになったのは1980年代後半とされる(歴史的経緯については，Fennell, 1999, 2013; Dowling, 2013; Björk, 2007，あるいはWeaver and Lawton, 2007を参照)．文献情報を提供するScience Direct社の検索サイトを利用し，エコツーリズム(Ecotourism)や持続可能な観光(Sustainable Tourism)を含む文献数の推移を見てみると，1980年代にはわずかであったものが，2000年代に入って急激に増加しており，年平均ヒット数は2010-2013年には，エコツーリズムが278件，持続可能な観光が1375件となっており，この面からも関心の高まりがうかがえる．Weaver(2006)が持続可能な観光の良心(conscience of sustainable tourism)と呼んだように，エコツーリズムは，第一義的に持続可能な観光である．ウイーバーをはじめとする多くの論者は，エコツーリズムの在り方として，地域環境や文化への影響を最小にとどめ，地域の経済的便益を持続的に保証することに

加えて，観光客の満足の最大化のほか，その教育的な理解を推進し，環境面や社会文化面での持続可能性を実現していること，などを掲げている．Buckley (2009)は，こうした基準に加えて，地域の環境面や経済面を含めた社会厚生に言及している．

このように，地域観光資源を利用した観光のあるべき形態や効果をめぐる研究が進む一方，グローバルな視点から，観光はどのように具体的に実践すべきかが議論された．1992年の地球サミットでの持続的な開発の議論を受けて，国際観光機関(World Tourism Organization: WTO)と世界旅行観光業協議会(WTTC)は，1995年に地球評議会(EC)とともに，環境的に持続可能な開発に向けた「旅行ツーリズム産業のアジェンダ21」を発表した．そこでは，地域の潜在的な持続可能性とそれを実現するための法律や政治ならびに管理・運営システムが論じられており，加えて，経済的，社会的，文化的および環境的影響の評価，ツーリズムを持続可能なものにするための関連主体の訓練と教育などの必要性が指摘されている．その後，国際連合は2002年を国際エコツーリズム年(International Year of Ecotourism)とし，国連環境計画(UNEP)とWTOを通じて，環境保全のもとでの開発を実現するために，とくに政府，国際的および地域的な関連諸組織の協力を推進していくこととなった．

こうして，エコツーリズムは，持続可能な観光発展をめざすツーリズムの中心的な概念になっていく．エコツーリズムの実現と遂行に向けて，その基礎となる考え方は，地域観光資源や環境の保全，地域の厚生の維持，地域の人々(しばしばステークホルダーと呼ばれる)の実践的なガバナンスの構築などであり，エコツーリズムの推進を図る政府やNPO団体は，その趣旨に沿った形でエコツーリズムを定義している[2]．

## 6.2 エコツーリズムから持続可能な観光へ

### 6.2.1 持続可能な観光の重要性

以上みてきたように，エコツーリズムに求められる要素として，貧困の撲滅，自然環境や文化の保全，地域厚生の改善，参加者の責任，住民主体の適切なガバナンス，といった広範なキーワードがあることがわかる．しかし，本来のエ

コツーリズムは，まず観光客(需要者)自身が地域の自然や文化の価値を学び理解を深める過程であり，その保全への協力・参加を通じて，地域を持続的に発展させる手段にもなる，ということである．言い換えると，観光発展がそもそも環境保全を伴う，あるいは目的とした形態である(用語の混乱を避けるために，以降，エコツーリズムと呼ぶ)．ただ，先のコスタリカの例が示すように，地域観光資源の体験を目的にした観光であっても，どちらかというと観光発展が主たる目的で，その限りで持続可能な地域発展を維持するための手段とされるような観光形態が増えている．本来のエコツーリズムとは異なるこのような形態の観光は，むしろ，広義のエコツーリズム(以下，持続可能な観光)と呼ばれるべきものである．もともと，エコツーリズムは，大量の観光客が訪問する観光というよりは，むしろニッチ市場において成長した．Wood(2002)によれば，規模の小ささが，地元のガイド対応を可能にし，環境への負荷を小さくし，観光客が自然や文化の保全に貢献していることを肌で体験させることを可能にしている．また同時に，そうした観光の在り方を実現させるような地域の人々の参加や協働，あるいは，地域観光資源の保全に関するガバナンスの在り方を問う観光形態でもある．他方，持続可能な観光は，現代および将来の，経済や社会および環境への影響を最大限考慮する観光であり，開発が行われても，地域の自然や文化が保全され持続可能になっているか否かがより重視される(UNWTO, 2005)．本来のエコツーリズムが，保全のための観光を考えるのに対して，いわば，観光開発のために保全を考えるのが持続可能な観光であるといえる．

　グローバル化する現在にあって，観光の在り方に持続可能性や環境保全という視点が重要であることは言うまでもない．ただ，持続可能な観光についても，地域観光資源の保全への観光客の積極的関与や教育的側面を強調する必要性は，その発展過程でより求められるようになってきている．

　ところで，文化や自然，景観などの地域観光資源を利用して観光サービスを提供する場合の持続的発展とは何であろうか．本来，持続可能な発展(Sustainable development)は，将来世代の厚生を損なうことのない範囲で，現在世代の厚生を最大にするように環境や資源を利用すべきとする考え方であり，国際連合の「環境と開発に関する世界委員会」の報告書(通称『ブルントラント報告』1987年)で提唱された考え方である．観光について言えば，現時点の地域観光

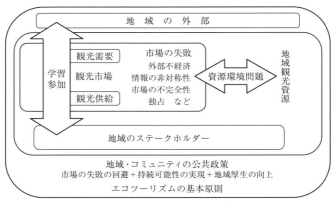

図 6.1 エコツーリズムの構造
出典）筆者作成．

資源の利用が将来世代の厚生を減じるようなものであってはならない，ということであり，同時に，それらの保全や利用の在り方をめぐっては，とくに地域の人々の関わりが重要であるということを意味する．以上の点は，図 6.1 でまとめられている．経済や市場の視点から考えてくると，観光は，環境へ配慮しながら地域観光資源を適切に保全利用し，地域の人々の厚生を向上させるものでなければならない．

### 6.2.2 持続可能な観光について

エコツーリズムは，先述したように，地域観光資源の理解や学習過程それ自体が観光の主目的となり，地域の観光発展の持続可能性を保証する観光である．先のコスタリカの例が示すように，一方で，本来のエコツーリズムがそのニッチ市場の枠内で発展していると同時に，他方で，それを否定するかのような巨大な観光開発が行われていることも確かである．後者の観光発展形態においては，むしろ観光保全と経済活動の両立，ならびに持続可能な観光発展をどう保証するかという点が問題となる．そこでまず，持続可能な観光に関する論点を考える．

図 6.1 が示すように，市場から持続可能な観光を眺めた場合，考えるべき重要な論点は，

第 6 章　エコツーリズムと環境保全

① 観光のもたらす市場の失敗の原因とその回避のための議論
② 地域観光資源の利用に関わる持続可能性の議論

である．以下，これらの点を説明する．

**(1) 観光市場と市場の失敗の回避**　　観光市場も市場の一つであり，その意味で失敗する．たとえば，自然公園に出かけても人気のアトラクションを楽しんでも，混雑や汚染，資源の過剰利用など，負の外部性は生じうる．広義のエコツーリズムは，市場の失敗を回避し，環境などへの影響を最小にする観光である．観光市場が失敗する原因は，市場の不完全性，外部性の存在などの問題に加えて，公共財やコモンプール財(共同利用財)などのように財・サービスの特性に依存するものがある．観光地での混雑や自然破壊など市場が失敗する事態は，これらの問題に対して適切なガバナンスや施策が十分に行われていないことに起因する問題である．たとえば，観光地へのアクセス規制のための手段として，入場制限やパーク＆ライドなどの規制的手段の他に，入域税や駐車場税などの経済的手段による施策があるが，多くの場合，施策が形式的であり不十分であることに起因して問題が生じている．残念なことに，その背景には，環境よりも開発，環境よりも経済，という考え方が見え隠れする．また，ごみのポイ捨てや草花の違法伐採など，観光客のモラルと行動をどう啓蒙し如何に規制するかという問題もある．後述するように，エコツーリズムの教育的側面や観光客も保全に参加する協力者であるとする考え方が重要であり，エコツアーガイドのシステムは，この問題解決に役立っている．

　いずれにしても，観光市場の失敗に関連して生じる様々な問題が，直接規制，補助金や課税など，適切かつ効果的な公共政策の立案と遂行によって解決されることが，持続可能な観光の必要条件である．

**(2) 地域観光資源の保全と持続可能性**　　次に持続可能性について考える．多くの地域観光資源は，基本的には，人が作り出した文化資源と，人間がその利用水準を適正に保持しなければ持続的に利用することが困難となる自然資源のどちらかである．文化資源は，そもそも人工的な財であり，適切に補填投資が行われれば，その真正性の維持や保全は可能である．一方，自然資源(とく

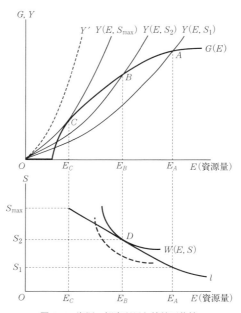

図 6.2 資源の観光利用と持続可能性
出典）筆者作成．

に野生生物など）の多くは，再生可能な資源であっても管理を間違えると，枯渇や衰退を招き再生自体が困難になる．

　図 6.2 によって模式的に説明しよう．図 6.2 の上の図の横軸は地域観光資源 $E$ の水準を表しており，縦軸は，それ自体がもつ再生能力 $G(E)$ と利用水準 $Y(E, S)$ が描かれている．利用水準は，資源量 $E$ が大きいほど大きいが，他方，それを利用する観光サービス水準 $S$ が大きいほど大きいと考えている．後述するライオンの例で考えれば，ライオンの個体数が $E$ であり，その自然の増加が $G(E)$，狩猟・捕獲や観光利用などに起因する個体数の減少が $Y(E, S)$ である．当然ながらライオンの狩猟を目的にする観光と，ライオンを観察し生態系を理解する観光では，前者の $Y$ のレベルは極めて高いものになるだろう．個体数の変化 $\Delta E$ は，$\Delta E = G(E) - Y(E, S)$，で表される．資源に関する持続可能な状態は，個体数の変化がゼロ（$\Delta E = 0$），すなわち，$G(E) = Y(E, S)$，が成り立つ状態である．この単純な定式化でも，資源利用に関して持続可能性

がいかに脆弱であるかがわかる．とくに自然観光資源が観光利用や地域の開発によって破滅に向かった経験は，次節でみるように数多くある．

**図 6.2** の上側の図は，より大きな資源水準 $E$ がその再生水準 $G$ を引き上げる以上に，利用水準 $Y$ が上昇する場合を描いている．点 $A$ の右側では $Y>G$ となり $\Delta E<0$，左側では逆に $\Delta E>0$ となる．このため，点 $A$ では，個体数の増加量 $G(E)$ と減少量 $Y(E)$ とが均衡しているため持続可能な状態にあると考えられる[3]．このとき，観光利用 $S$ が $S_1$ から $S_2$ の水準に増大すれば曲線 $Y$ は上方にシフトし，点 $A$ から点 $B$ への持続可能な資源量の変化を通じて，観光利用の増大が資源利用を促進する結果，資源自身は減少し再生能力も低下する．さらに利用水準 $S$ が増大し $S_{\max}$ を上回るようになると，この利用水準のもとで唯一 $\Delta E=0$ が維持できる点 $C$ は実現できず $\Delta E<0$ となる．

一方，持続可能性を保証する観光利用 $S$ と資源水準 $E$ の関係は，**図 6.2** の下側の図のように，右下がりの曲線 $l$ として描かれる．$S_{\max}$ を超える観光利用によって（たとえば $Y'$ のように），$\Delta E<0$ となり，資源は破滅的に減少する．この場合の持続可能な資源の最大利用水準は，環境容量になぞらえて，当該地域の観光容量（Tourism Carrying Capacity）と呼ばれており，$S<S_{\max}$ は，地域の観光が地域観光資源を過剰に利用（overuse）することなく発展するための必要条件である．こうして，地域観光資源の観光容量を超えないことが，持続可能な観光にとっての最低条件となる．

## 6.3　持続可能な観光からエコツーリズムへ

環境破壊や自然環境の保全といった観光開発がもつ潜在的な課題を，市場の失敗の回避や持続可能性の観点から論じた．繰り返しになるが，エコツーリズムは，まず持続可能な観光の条件をみたす必要がある．他方，本来のエコツーリズムが，観光を通じて，地域の自然や文化に関する理解を深めるプロセス，仕組みづくりが重要である点はすでに述べた．これに関して，以下，いくつかの論点を示したうえで，エコツーリズムの施策に関する基本原則を論じる．

### 6.3.1 エコツーリズムに関するいくつかの論点

**(1) ライオンの経済学**　地域の様々な資源を活用し一定の経済的便益を生み出す産業活動について，その現実的選択肢はいくつかあり得る．エコツーリズムに関わる地域の産業選択に関して，これまで興味ある分析が数多く行われてきた．一つは，たとえば，森林開発か観光開発かといった可能な産業開発間の選択の問題であり，他は，観光の形態に関するエコツーリズムの優位性に関わる問題である．

フィリピン諸島の南西，最も美しい海として知られ，世界自然遺産に登録されたプエルト・プリンセサ地下河川国立公園のあるパラワン島の観光地エルニドでは，1980年代，森林伐採がもたらす表土流出による土砂の海底堆積が問題になっていた．これが原因で珊瑚礁に被害が生じ海域環境が悪化し漁業が衰退した．これに対して，森林開発ではなく，適切な森林保全を行いながら森林環境と海岸景観を活用した観光発展が，望ましい代替的施策として議論された(Hodgson and Dixon, 1988)．また，タイのマングローブ林の開発に関して，開発のもたらす環境破壊の費用を考慮した場合，マングローブをエビ養殖地に変える産業発展よりもそれらを保存しつつ観光を発展させる方が経済的にも有利である例や，豪州のカカドゥ国立公園内の鉱山開発の価値に比して保全した場合の価値の方が，社会にとってより大きいことを示した例などがある(Tietenberg and Lewis, 2012, chs. 2-3)．これらの議論は，地域が観光かそれ以外の産業のどちらを選ぶかという選択問題である．この場合，代替的選択肢としての観光は，地域環境を含めて地域資源保全的であって，保全のもつ社会的便益を考慮する限り，環境破壊的な産業開発よりもメリットが大きいと考える．つまり，地域資源保全の費用対効果，開発のもたらす損失や純便益の推計が重要であり，これに関する多くの先行研究は費用便益分析などの実証に依拠している．

他方，代替的な観光開発プロジェクトのうちどれを選択するかという問題は，いわば，観光資源としてのライオンをどのように活用するかという問題である．ライオンを狩猟対象とする観光と，その生態観察の観光とを比較した場合，後者の方が1人当たりの観光消費額が大きくまた持続可能性も高いという実証結

果をもとに，観光形態を決めようというのである[4]．ライオンの保全と自然観察という観光の在り方が，地域の人々にとって最も高い価値をもたらし密猟のインセンティブを低める．保全が地域の人々の経済的な厚生水準を維持し，保全意識を高めながら，持続可能な観光開発を実現させるこのような考え方は，図 6.1（前掲）が示すようにエコツーリズムの構造を反映したものである．

**(2) 持続可能な地域環境資源の管理，運営システムとコミュニティの役割**

持続可能な観光は，観光市場の失敗や地域観光資源の過剰利用を回避しつつ，地域の持続可能な発展を目指す観光である．しかし，観光がこのような条件を備えたとしても，観光資源を利用し所得を得るのがもっぱら地域外の企業で，地域の人々が何等のコミットもできず，恩恵を受けられないのであれば，それはエコツーリズムではない．エコツーリズムは，さらに，地域環境の保全の便益や観光からの利益など，地域観光資源の利用と管理に関わる地域社会全体の厚生の向上をめざす観光である．

この問題を先の図 6.2 の下側の図で考えよう．曲線 $l$ は，当該地域の資源量とその持続可能な観光利用水準の関係を示しており，地域の問題は，この曲線のどの点を選べばよいかという問題である．地域社会全体の厚生水準が $W = W(E, S)$ で表されると仮定しよう．つまり，自然観光資源 $E$ が大きいほど，また観光利用水準 $S$ が大きいほど，地域の厚生は高くなると考える（つまり，破線で描かれる曲線よりは，実線で描かれる方が厚生水準は高い）．したがって，地域の厚生を増大させるということは，曲線 $l$ の点の中から，できるだけ上方に位置する $W$ を実現させるようにすることである．この場合，地域の人々は点 $D(E_B, S_2)$ を選択すればよい．地域の人々が厚生をより大きくするためには，少なくとも，地域の人々の社会厚生関数の明示化や，点 $D$ に対応する適切な観光の資源利用水準（$S_2$）の決定，さらに，その水準を維持する仕組みの形成が必要になる．そのための条件は何であろうか．地域観光資源の的確な理解と，持続可能な資源利用に関する観光容量の把握などの技術的条件の他に，地域資源を利用するすべてのステークホルダーの理解，意見調整，総括的利用計画の立案への参加，それに対する行政の支援，ならびに規制を含むコミュニティでのルール作り，など適切なガバナンスの構築が必要である．

### 6.3.2 エコツーリズムの果たすべき役割

エコツーリズムを実現する要素は何かについての議論とは別に，エコツーリズムを実現する過程で，貧困や地域格差の解消，地域の人々の厚生の向上，より積極的かつグローバルな視点からの環境保全，教育効果など，期待されるエコツーリズムの効果に関する議論がある．もちろん，通常の財・サービスの生産の場合にも，雇用や生産など経済厚生上の効果が期待される．しかし，エコツーリズムの場合，より強くかつ広範に，その効果が強調されるケースがある．たとえば，エコツーリズムを遂行する過程での行政やステークホルダーの協調行動は，単に観光発展のみならず，まちの在り方そのものを模索するまちづくり活動へと発展する．コミュニティを基礎とする観光(community-based tourism)の議論は，まさに，地域の人々や観光に携わる人々の厚生の視点を強調した議論である(たとえば，Buckley, 2009, ch.11や，真板他，2010参照)．

他方，2002年に国連で標榜されたエコツーリズムへの期待は，貧困の解消であった．先進工業国から途上国への観光増加というだけではなく，地域資源の持続的利用を目指す観光の在り方を模索する中で，地域の人々にその便益が十分に配分される仕組みを作ることが期待された．これに関連して，エコツーリズムのもつ正の外部性について考える必要がある．エコツーリズムは，人々の知識や感動を醸成し教育的な側面をもった観光である(Ballantyne and Parker, 2013の第II部「エコツーリストの行動と観光客の経験」を参照)．この意味で，一定の芸術や教育サービスが正の外部性をもつのと同様に，エコツーリズムも正の外部性をもつ．言うまでもなく，正の外部性がある場合には財やサービスは過少供給される傾向があるため，適正な供給水準を保つためには，芸術や教育への補助金が必要である．エコツーリズムについても，正の外部性を正当に評価するならば，補助金などの仕組みが組み込まれる必要がある．エコツーリズムの実践的形態であるエコツアーは，本来，それ自身が教育的かつ啓蒙的であるが，現代では，そうした受け身の観光を超えて，より積極的，能動的に環境保全活動を目的とした観光も行われており，保全活動や管理行動に参加協同すること自身が，地域の所得増や雇用機会を生み出しているケースもある．

## 6.3.3　エコツーリズム実現のための施策に関わる基本原則

以上の議論から，その定義が様々であるとしても，エコツーリズムが目指すべき施策の原則については一定の基本的な事項が見いだせる．これまで，市場経済の視点から持続可能な観光のあるべき姿を検討し，観光サービスを供給する産業としてのビジネスの在り方，観光市場における市場の失敗の回避手段，地域観光資源の持続的利用とその方法，資源の効果的かつ適切な利用管理，などを検討した．加えて，本来のエコツーリズムに関する論点として，運営におけるコミュニティや地域主体の役割とガバナンスに言及した．これらの視点から，エコツーリズムを実現させるために必要な施策に関わる原則を，その内容，実現手段ならびに目標の観点からまとめれば**表 6.1**のようになる．

**表 6.1**　エコツーリズムの基本原則

| エコツーリズムの基本原則 | 主な施策 | 主な目標 |
| --- | --- | --- |
| 持続可能な資源利用 | キャリングキャパシティの推計（生態学的，社会的，環境の飽和水準の測定など） | 市場の失敗の回避<br>持続可能性の実現 |
| 過剰消費や浪費の抑制 | 経済的インセンティブ（課税，補助金など），産業規制（直接規制，自主的規制，企業の社会的責任など），観光客管理（ゾーニング，交通規制，観光客誘導・分散など） | 教育的側面の推進<br>市場の失敗の回避 |
| 環境の多様性，文化資源の維持 | 保全地域規制（国立公園，生物保護地域，特定領域指定など），文化財の保全施策（文化財保護法など） | 教育的側面の推進<br>市場の失敗の回避<br>持続可能性の実現 |
| 地域計画策定，地域経済の維持 | 環境，観光基本計画策定，環境影響評価（費用便益分析，マテリアルバランスモデル，GIS，エコラベル，環境会計など） | コミュニティと自治体・ビジネス・専門家の協働<br>持続可能性の実現 |
| 地域共同体との連携，組織間の協働 | 住民参加による審議および協働（情報公開，情報共有，審議会の設置運営，住民行動調査，表明選好調査など） | コミュニティと自治体・ビジネス・専門家の協働<br>地域厚生の最大化 |
| 関係者の教育 | 観光知識および技術訓練（地域ボランティアガイド育成，環境教育など） | コミュニティと自治体・ビジネス・専門家の協働<br>教育的側面の推進<br>市場の失敗の回避 |
| 適切なマーケティング | 観光客の管理・運営，観光客満足度（観光客・業界の管理規則，関連条例など） | 教育的側面の推進<br>市場の失敗の回避 |
| モニタリングと研究調査 | 持続可能性指標の作成および活用（環境，社会，まちづくりなどとの連携） | コミュニティと自治体・ビジネス・専門家の協働 |

出典）薮田・伊佐（2007）の表2をもとに作成．

## 6.4 エコツーリズムとガバナンスの展開

これまで見てきたように，エコツーリズムを基礎とする観光発展の条件は厳しい．経済のグローバル化に伴い，ニッチ市場で展開されてきた本来のエコツーリズムは，国を挙げての観光発展，貧困撲滅の任を負わされるとともにその規模を増し，環境保全と持続的な観光開発という側面が強調されるようになってきた．本節では，エコツーリズムの発展，失敗からさらに再出発をめざす事例としてガラパゴスを取り上げ，エコツーリズムの目指すべき方向性のヒントを与える．ガラパゴスにおいて観光客が急増するきっかけは，世界自然遺産に登録されたことであった．そこで，はじめに世界遺産制度について説明する．

### 6.4.1 世界遺産制度のガバナンスと観光

世界遺産制度は，一義的には「人類共通の遺産を後世に保存する」制度であり，観光の議論と直接かかわるものではない．しかし，現実には，世界遺産への登録がもつ観光や地域への多大なる影響から，少なからず保全よりもむしろ開発が先んじる傾向があることも事実である．世界遺産としてのブランド化が時としてその保全問題を顕著にすることがあり，そのために，常に利用と保全の両立が必要となる．そのためのガバナンスシステムとして，世界遺産制度をとらえる必要がある．国際連合教育科学文化機関(United Nations Educational, Scientific and Cultural Organization: UNESCO)の総会において，1972年に成立した世界遺産条約(Convention Concerning the Protection of the World Cultural and Natural Heritage 1972)は，一方で，国際的な自然保護活動や各国の国立公園制度の制定の成果として，他方で，人類の建築物などの文化遺産を紛争や開発などから守る活動の成果として実現された．世界遺産条約は，その前文で，社会的および経済的状況の変化が引き起こしている遺産の損傷または破壊の脅威は，「世界のすべての国民の遺産の憂うべき貧困化」をもたらすとの認識に立って，その保護が国際社会全体の任務であるとしている．各条文では，顕著で普遍的な価値をもつ文化遺産と自然遺産を定義し，その保護のための協力の枠組みや管理遂行の仕組みが定められている．世界遺産制度は，その歴史的な経緯をみ

ても，戦争や開発から文化や自然の破壊を守ろうとする制度である．実際，ユネスコ資料(UNESCO, 2008)によれば，地震などの自然災害に由来する遺産の破壊や危機は全体のわずかであり，もっぱら密猟や採掘，開発など人間活動を原因とするところが大きい．観光の影響も大きく，同資料によれば全体のおよそ9％は観光活動に由来しており，観光関連施設の影響，観光開発による汚染，表土喪失，生態系の破壊，大量消費などの影響があげられている．

　世界遺産条約は，人類共通の遺産として登録することによって，それらを保護するための常設的かつ効果的な体制づくりを目指すものである．遺産保全のためのガバナンスを遂行する組織として世界遺産委員会が形成され，締約国の責務を明らかにしたうえで，締約国間の協力体制を築き遂行させる仕組みを作ることが明確にされている[5]．また，世界遺産委員会の会議には，ローマ・センター(イクロム：文化財保存修復研究国際センター International Centre for the Study of the Preservation and Restoration of Cultural Property)，イコモス(国際記念物遺跡会議 International Council on Monuments and Sites)ならびにIUCN(International Union for Conservation of Nature 国際自然保護連合)が諮問機関として関与しており，委員会の計画および実施に関して協力している．このうち，1965年に設立された国際的NGOであるイコモスは，文化遺産保存分野の専門家を中心に，文化遺産の保全に関する専門的研究，情報交換などを行なっており，世界文化遺産の評価，モニタリングについても重要な役割を演じている．また，国際的な自然保護団体であるIUCN(1948年設立)は，国家，政府機関，非政府機関ならびに協力団体等によって構成されており，とくに，自然の多様性の損失を回避・保全，生態的に持続可能な利用を保証するよう社会に影響を与え鼓舞し助言することを目的とし，保全すべき地域範囲の指定を通じて健全な生態系を目指そうとするものである．世界遺産条約における自然遺産の指定やモニタリングに関しても重要な役割を演じている．

## 6.4.2　世界危機遺産とエコツーリズム

　このように，文化遺産にせよ自然遺産にせよ，世界遺産条約のもとで，世界中の様々な組織が協力し，保護と保全に関する情報とデータの共有化と研究，ならびにガバナンスの効果的な遂行のための努力が続いている．世界遺産は，

基本的に6年ごとにその保全状況が世界遺産委員会によって再審査される．しかし，世界遺産として登録されても，時として，その価値の保全については様々な困難を伴う場合があるのは，前述のとおりである．世界遺産条約では，あらかじめこうした問題に対処するための仕組みが定められ，世界遺産委員会などで対応が図られている．その代表的なものが「世界危機遺産」の仕組みである．

世界遺産登録自体は，登録の始まった1978年の12件から2014年には1007件まで拡大し，他方，危機遺産は，登録後の10年間で7件，2014年には45件となっている．注意すべき点は，十数年にわたって危機遺産の状態にある自然遺産が半数近くあること，また，一度危機遺産から脱しても再び危機遺産になるケースがある点である．アフリカ諸国については，密猟や武力紛争などの理由が多く，また多くの危機遺産において開発がその主たる原因になっている．日本人にとっても良く知られた観光地であるガラパゴスやイエローストーン国立公園，イグアス国立公園などが危機遺産となったのは，多くの観光客が来訪することによって外来種が持ち込まれたり，観光客向けの開発が進んだりしたことが，自然環境に悪影響を及ぼした結果である．観光などが原因で危機遺産になった場合，そこから復帰するためには，当然国や地域，NGO，コミュニティや観光業者の協力のもとで原因を取り除く努力が必要である．

世界の地域には，その歴史や文化，自然環境を反映して多種多様な地域観光資源が存在する．それらがすべて，世界遺産のように顕著で普遍的な価値をもつ訳ではないが，しかし，地域の観光資源が他地域の人々にとっての非日常的な価値を醸成し，訪問し経験しようとする意思を培うとき，エコツーリズムの原則を順守しながら観光発展を目指す地域発展が重要な戦略となる．

### 6.4.3　エコツーリズムの展開事例
　　　　――ガラパゴスはなぜ危機遺産になったか

残念ながら，観光が原因で問題が生じ危機的な状態になっている観光地，中でも世界遺産に登録されながら危機遺産になったところは多い．ここでは，ガラパゴスを例に，危機遺産になった原因を説明し，それがエコツーリズムの基本原則(前掲表 **6.1**)とどう関わっているかを検討する．

ゾウガメの島を意味するガラパゴス諸島は，その自然の重要性は言うまでもなく，特徴的な生態系の進化や多様性保全の意義が評価され，1978 年に世界自然遺産第 1 号として登録された地域である．また，2001 年には，その周辺の海洋部(ガラパゴス海洋保護区)を含む範囲に拡大された．世界自然遺産の登録後，ガラパゴス諸島をめぐる状況は大きく変わり，とくに，外国観光客の増加とエクアドル本国に比しての人口急増は顕著であった．1980 年代には 2 万から 4 万人程度であった観光客は 1990 年代には倍増し，危機遺産リストに記載されたころには 16 万人に達した(2008 年)．本国より約 900 キロメートル離れた世界遺産地域は，メディアへの高い露出度もあって，ブランドの確立とともに生涯に一度の観光地としての人気を集めていった．観光客数の増加は，観光業とそれに関連する産業(とくに，運輸や宿泊，飲食業や公務など)の活動を活発にし，雇用の場を生みだした．この結果，エクアドル本土からの移住による人口増へとつながり，ガラパゴスの人口増加率は，観光客が急増した 1995 年から 2008 年までの年平均で，本土の 6% に対し 9% と高かった．

 観光発展に伴い，ガラパゴス諸島の自然環境は危機的状態に陥る (Epler, 2007)．ガラパゴス諸島における開発と環境破壊の影響との関係をわかりやすく図示すれば，**図 6.3** のようになる．とくに，問題とされたのは，**図 6.3** の網掛け部で示された点で，船舶の来航を中心としたアクセスポイントの検疫体制など管理が不十分であること，人口流入による住宅や生活による環境負荷の増大，ホテル建設などの影響，レストランの拡充による漁業資源の乱獲，不法操業に加えて，それらを管理する仕組みが十分でないこと，などがある．もっとも，このような環境にとって負の影響や資源の過剰な利用が生じたときに，これらに対処する仕組みがなかったわけではない．1990 年代半ば，海洋保護区の登録申請をめぐって IUCN や世界遺産委員会での議論が行われたときには，すでに環境破壊の問題が指摘され，これに対するガバナンスの一環として 1998 年にガラパゴス特別法(ガラパゴス州の保全と持続的な開発のための特別法)が整備された．これは，生物多様性の保全機関としてのガラパゴス開発庁 (INGALA) の制度的，人的整備を軸に，生物多様性の維持，持続可能な開発や観光発展を目的に，住民の権利の規制措置を含む体系になっている．しかし，たとえば，組織の運営や監視のための人材不足などにより，生物多様性の保全

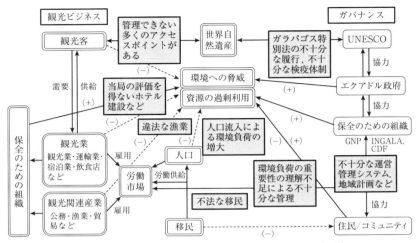

**図6.3** ガラパゴス諸島における観光開発と環境悪化
出典) Yabuta(2011), Figure 3 を加筆修正.

や廃棄物管理がうまくいかず，2007年ついに危機遺産リストに記載されることになった．

一方，エクアドル政府の強い決意があり3年後の2010年には危機遺産リストから復帰している．2007年にエクアドル政府は，指摘された管理，人口，漁業，観光および環境などの問題に対処するための行動計画を策定しており，それらの一定の改善が評価された形となった[6]．しかし，復帰で問題がすべて解決したと考えるのは間違いであり，問題が十分効果的に解決されていないとする批判がある．外来種問題の解決や人口増への対処，地元ホテルや観光業の効果的な管理など，問題は，観光客の管理というよりも，むしろ観光客目当ての住民を管理できなかったということにある．長期的な視点，つまり，持続可能な観光の視点にたった供給者側の管理姿勢が問われているのである．住民の参加や住民自身の教育によって住民が生態系保全の重要性を理解する実践的行動を推進するなど解決すべき課題は多い．

以上，地域観光資源の事例として世界自然遺産を取り上げ，その管理問題を検討した．ガバナンスの不十分な遂行がもたらす様々な問題について，どちら

表 6.2 エコツーリズムの原則と観光管理
(ガラパゴスのケース)

| エコツーリズムの基本原則 | ガラパゴスの観光管理 |
|---|---|
| 持続可能な資源利用 | 漁業管理／移住規制／アクセスポイント規制など |
| 過剰消費や浪費の抑制 | 地域計画(土地利用,エネルギー利用,廃棄物規制／観光客数規制／観光容量管理) |
| 環境的多様性,文化資源の維持 | 検疫制度の拡充／時間規制／観光客来訪エリア規制／国立公園管理／海洋保全地域設定 |
| 地域計画策定,地域経済の維持 | 地域住民の環境容量設定戦略／地域の観光開発計画設定 |
| 地域共同体との連携,組織間の協働 | 保全当局間の資源配分／効果的な保全当局管理 |
| 関係者の教育 | 包括的な教育改革／環境教育プロジェクト |
| 適切なマーケティング | 環境影響の厳しさの理解／地域住民の観光への参加 |
| モニタリングと研究調査 | モニタリングシステムと技術の向上／生態環境に対するモニタリングデータベースの構築 |

出典) Yabuta(2011), Figure 8 をもとに作成.

かというと対処療法的な計画やその対応がなされた結果であることは否めない. 観光発展の在り方，方向性を決める施策に関しては，たとえば，**表 6.1**(前掲)で掲げたエコツーリズムの施策に関する基本的な方向性を定めて，そこから施策の効果的な実行を可能にする管理体制の構築やガバナンスが必要である．この観点からガラパゴス諸島のケースを考えた場合，**表 6.2** のようにまとめることができる．国や自治体，国立公園，観光に携わる人々が，地域の観光資源をどう守り維持するか，観光容量の策定によって持続可能な観光を設計し計画するか，など重要な観光管理の施策が掲げられている．しかし，このような施策を効果的に実行していくためには，住民やステークホルダーの積極的，主体的な参加，協力が必要であることは言うまでもない[7].

## 6.5 グローバル化とエコツーリズムの未来

本章では，観光発展がみたすべきエコツーリズムの基本原則を検討した．観光が産業としての側面をもち，地域の雇用や所得に限らず，場としての人々の

関わりを通じて地域づくりや地域厚生にまで関係している点，観光発展が地域観光資源の持続的な利用を保証しなければならない点などを考慮し，市場の失敗の回避，持続可能性の保証，地域厚生の維持の観点からエコツーリズムを分析した．本来，地域の自然観光資源の保全を意味していたエコツーリズムという言葉を，持続可能な観光の視点へと拡張する場合に必要な要件を検討した．6.4.3項で取り上げたガラパゴスの事例が示すように，観光客の満足を保証し持続可能な観光を実現するためには，観光客の適切な管理の他に，供給側の地域住民，国や自治体，関連する観光業者などあらゆるステークホルダーによる地域観光資源の管理の関わり方，在り方が問われている．

　グローバル化する社会にあって，人々の交流は活発になり，異なる価値をもつ地域観光資源を観光したいとする欲求は高まっている．単に交流するだけでなく，その行為が地域社会に及ぼす影響と効果を見ながら，観光発展を実現することが重要になっている．UNESCO憲章では，その目的を互いの交流を通じて知り合うことから平和が始まるとしている．エコツーリズムは，観光客自身の満足を最大化するだけでなく，人々の交流を通じて地域社会を支え維持しあう行為であることを改めて確認する必要がある．エコツーリズムは，グローバル化する社会の中でこそ，ローカルな人々の重要性をより一層浮かび上がらせている．

注

1) コスタリカ観光局(Tourism Statistical Yearly Report 2013(http://www.visitcostarica.com/ict/pdf/anuario/Statistical_Yearly_Report_2013.pdf#search='tourism+statistics+yearly+report+costa+rica')，2014/12/10 アクセス)による．
2) たとえば，国際エコツーリズム協会(TIES)によれば，エコツーリズムは，保全，地域コミュニティ，持続可能な観光を一体化させる観光であって，その原則は，①自然環境や文化・生活への影響の最小化，②環境と文化に関する理解と生活の尊重，③保全に向けた直接的な経済的利益の創出，④地域住民の経済的利益と権利の提供，⑤訪問先の政治，環境，社会情勢に対する敏感さの醸成，である(http://www.ecotourism.org/what-is-ecotourism から著者抄訳)．また，日本エコツーリズム協会によるエコツーリズムの考え方も基本的にこれらの内容を含んでいる(http://www.ecotourism.gr.jp/index.php/what/ 参照)．
3) $G$ と $Y$ が図とは逆の場合，点 $A$ からわずかでも資源量が少なく(大きく)なると，一方的に縮小(拡大)していく．

4) ライオンの経済学(Economics of a lion)については Thresher(1981)を参照(http://www.fao.org/docrep/p4150e/p4150e05.htm(2014/10/10 アクセス))．これに関しては，エコツーリズム推進協議会(1999)をあわせて参照．
5) 世界遺産条約の締約国は，2014 年 6 月現在 191 か国である(わが国は 1992 年に発効)．
6) 生物安全性(biosecurity)，観光，ガバナンスならびに試験的漁業などの点において一定の改善があったことが評価されている．とくに，観光について，エコツーリズムのモデルが推進され，新規ホテル建設の禁止の他，観光サイト，島内観光，コミュニティや農業などの分野で環境保全型の観光発展が進められている(http://whc.unesco.org/en/soc/2887(2014/10/20 アクセス))．
7) 真板他(2010)参照．また，2012 年 11 月の京都で開催された「世界遺産条約採択 40 周年記念最終会合」では，いわゆる京都ビジョンが採択され，そこでは，遺産の保全や管理に関するコミュニティの役割が改めて強調されている．

### 文献

エコツーリズム推進協議会(1999)『エコツーリズムの世紀へ』同会．
武田淳(2012)「コスタリカにおける「エコツーリズム」イメージの創造と近年の変化」『日本国際観光学会論文集』第 19 号，77-82 頁．
真板昭夫・比田井和子・高橋洋一郎(2010)『宝探しから持続可能な地域づくりへ——日本型エコツーリズムとはなにか』学芸出版社．
藪内雅弘・伊佐良次(2007)「エコツーリズムと地域発展——理論から実証へ」『計画行政』第 30 巻第 2 号，10-17 頁．

Ballantyne, R. and J. Parker (2013), *International Handbook on Ecotourism*, Cheltenham: Edward Elgar.
Björk, P. (2007), "Definition Paradoxes: From concept to definition," in J. Higham (ed.), *Critical Issues in Ecotourism: Understanding a Complex Tourism Phenomenon*, Chapter 2, London: Routledge, pp. 23-45.
Buckley, R. (2009), *Ecotourism: Principles & Practices*, Wallingford, Oxfordshire: CABI.
Dowling, R. (2013), "The history of ecotourism," in R. Ballantyne and J. Parker (eds.), *International Handbook on Ecotourism*, Chapter 3, Cheltenham: Edward Elgar, pp. 15-30.
Epler, B. (2007), *Tourism, the Economy, Population Growth, and Conservation in Galapagos*, Puerto Ayora, Ecuador: Charles Darwin Foundation.
Fennell, D. (1999), *Ecotourism: An Introduction*, London: Routledge.
Fennell, D. (2013), "Ecotourism," in A. Holden and D. Fennell (eds.), *The Routledge Handbook of Tourism and the Environment*, London: Routledge, pp. 323-333.
Hodgson, G. and J. A. Dixon (1988), "Logging versus fisheries and tourism in Palawan," Occasional Papers of the East-West Environment and Policy Institute, Paper No. 7.
Thresher, P. (1981), The economics of a lion, *Unasylva*, Vol. 33, pp. 34-36(http://www.fao.org/docrep/p4150e/p4150e05.htm(2014/10/10 アクセス))．
Tietenberg, T and L. Lewis (2012), *Environmental & Natural Resource Economics*, 9 th ed., Boston: Pearson Education.
UNWTO(2005), *Making Tourism More Sustainable－A Guide for Policy Makers*.
Weaver, D. (2006), *Sustainable Tourism*, Amsterdam: Elsevier Butterworth-

Heinemann.
Weaver, D. and L. J. Lawton (2007), "Twenty years on: The state of contemporary ecotourism research," *Tourism Management*, Vol. 28, pp. 1168-1179.
Wood, M. E. (2002), *Ecotourism: Principles, Practices & Policies for Sustainability*, Paris: UNEP, The International Ecotourism Society.
Yabuta, M. (2011), "The world heritage in danger: Tourism and governance,"『中央大学経済学論纂』第51巻第3・4号，209-244頁．

世界観光機関（UNWTO）(http://www2.unwto.org/).
ユネスコ世界遺産センター（http://whc.unesco.org/).
UNESCO (2008), *World Heritage Information Kit*, (http://whc.unesco.org/documents/publi_infokit_en.pdf, 2014/10/15 アクセス).

# 第7章 地球環境ガバナンスの理論と実際

阪口　功

## はじめに

　生物多様性の急減，温室効果ガス(GHG)の排出量の増大に見られるように，地球環境問題は悪化の一途を辿っている．地球環境ガバナンスの難しさは，中央集権政府が存在しないアナーキーな国際社会(諸国家からなる社会)の構造にある．しかしながら，戦後，様々な地球規模の課題(平和，人権，貿易，開発)が，アナーキー下でも大きな改善を示していることを考えると，地球環境ガバナンスの失敗原因を国際社会の構造だけに帰することはできない．本質的な原因は地球環境問題の特性にあると見るべきであろう(阪口，2007)．

　よって本章では，まず公共財の理論に基づき各地球環境問題を位置づけ，問題解決を阻害する要因を理解する．続いて，地球環境の持続性を実現する処方箋として，まず国家間の国際制度形成を通じた取り組みを，続いてプライベート・レジームによるガバナンスの取り組みを理解していく．プライベート・レジームは，環境，労働など社会分野における国際制度形成の停滞を補完するために近年急速な発展を見せている民間主導のレジームである．このように本章では，多元的な視点から地球環境ガバナンスを捉え，大気環境と生物多様性の問題をひとつの事例として分析し，問題解決のための糸口を探る．

## 7.1 「地球公共財」の供給問題

公共財は，利用者の「非排除性」と消費の「非競合性」により定義されるが，多くの地球環境問題は地球公共財の過小供給として捉えることができる．すなわち，公共財は，フリーライドして利用することが可能なため，ゲーム論における「囚人のジレンマ」に陥りやすい(図 7.1 参照)．囚人のジレンマでは，協力解(左上)がパレート最適解であるが，「支配戦略」はアクター A，B とも非協力であるため，社会的に非最適な非協力解(右下)がナッシュ均衡解となる．世界恐慌後の隣人窮乏化政策，国連軍構想の挫折，地球温暖化，国際漁業資源の枯渇など様々な問題が，囚人のジレンマとして理解することができる．

もちろん地球公共財に関する全ての問題がジレンマに陥るわけではない．厳密には公共財には非排除性と非競合性の 2 要素をともに満たす「純粋公共財」，非競合性のみを満たす「クラブ財」，非排除性のみを満たす「共有資源」の 3 種存在する．3 種の公共財のなかで供給が容易なのは，フリーライダーを選択的に排除できるクラブ財である．実際，クラブ財の代表例の自由貿易や同盟では高度な協力を実現できているものが多い．純粋公共財ではフリーライダーの排除は難しいが，一部の有志国でコストを負担すれば公共財の供給が可能となる．しかも，非競合性によりフリーライダーが公共財を目減りさせることはない．覇権国による平和や先進国の援助による天然痘の撲滅は，有志国による問題解決の代表例であり，公共財の「私的供給」とも呼ばれる(阪口，2007)．

公共財のなかでもっとも供給が困難なのが共有資源であり，地球環境問題の多くがこのカテゴリーに該当する．共有資源はコモンズとも呼ばれるが，さらに「共有プール資源」と「共有シンク」に分けられる．前者は，共有の生物資源(漁業資源，里山など)や淡水資源(灌漑用水，湖沼など)といった採取可能な資源を指し，資源の再生能力を超えて利用すると枯渇の問題が発生する．後者は，大気環境や海洋環境が有する汚染吸収源のことであり，その吸収能力を超えて汚染物質を排出すると汚染が進行する．このように共有プール資源では「採取」の規制，共有シンクでは「排出」の規制が鍵となる(Weale, 1992)．

共有資源の維持管理の難しさは，フリーライダーの排除が困難であるだけで

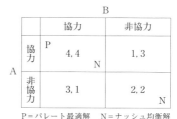

|   |   | B | |
|---|---|---|---|
|   |   | 協力 | 非協力 |
| A | 協力 | P 3, 3 | 1, 4 |
|   | 非協力 | 4, 1 | 2, 2 N |

P＝パレート最適解　N＝ナッシュ均衡解

**図 7.1** 囚人のジレンマ

|   |   | B | |
|---|---|---|---|
|   |   | 協力 | 非協力 |
| A | 協力 | P 4, 4 N | 1, 3 |
|   | 非協力 | 3, 1 | 2, 2 N |

P＝パレート最適解　N＝ナッシュ均衡解

**図 7.2** 保証ゲーム（鹿狩り）

なく，競合性の性質ゆえにフリーライダーが資源を目減りさせる点にある．資源の摩滅を目にした協力国は，自制して資源の崩壊を座視するよりも非協力へと行動を変えていく．つまり，共有資源では，純粋公共財のように有志国による協力だけでは公共財を供給できないのである．その結果，「コモンズの悲劇」と呼ばれる現象に頻繁に陥る(Hardin, 1968)．

　もちろん，共有資源が常にコモンズの悲劇に陥るわけではない．第一に，一部の共有資源は囚人のジレンマではなく「保証ゲーム」(鹿狩りとも呼ぶ)の利得構造を持つ．これは，協力解と非協力解がともにナッシュ均衡解であるが，協力解のみがパレート最適となるゲームである（図 7.2 参照）．保証ゲームでは，相手を信頼できない場合に最悪の事態を回避しようとして不合理な非協力解へと陥る可能性があるが，協力を成立させることは難しくない．国境に沿って流れる国際河川へのダム建設(パラナ川にブラジルとパラグアイの協力により設置されたイタイプダムなど)は保証ゲームの代表例である(Runge, 1984)．ただし，多国間の共有資源で保証ゲームの構造を持つものは極めて少ない．

　第二に，E. オストロムが，世界中のローカル・コモンズの比較分析を通じて，コモンズの「自主管理」の成功条件——資源の境界の明確性，構成員の明確性，ルール決定への構成員の参加，監視可能性，紛争解決メカニズム，十分な制裁など——を明らかにしている(Ostrom, 1990)．しかしながら，成功条件に挙げられた要因には，完全なオープンアクセスの共有資源では成立しないものが多い．つまり，事実上，コモンズの自主管理の成功には一定の排除性が必要となることを意味するが，この排除可能性はコモンズの規模に反比例するため，規模が大きな地球環境問題では自主管理の可能性が極めて低くなる．

以上の分析により，アナーキーな国際社会では，グローバルな共有資源の管理が困難な課題であることが分かる．なお，全ての地球環境問題が共有資源の管理の問題に該当するわけではない．実は生物資源の大部分は越境移動しないため，一定の外部経済を有していたとしても，排除性のある「私有財」となる．つまり，森林や湿地などの生息地，200海里内の水産種は，各国の排他的主権が適用される私有財である．こういった問題では，7.5節で詳述するように，共有資源の国際管理とは全く異なるアプローチをとる必要がある．

## 7.2　国際制度

### 7.2.1　国際制度の類型

　地球環境問題に対応するため国際社会では，条約，国際機関，国際フォーラムなどの国家間の「国際制度」を通じた問題解決の試みがなされてきた．国際機関は常設の条約事務局を有し，定期的に締約国会議を開き，条約をアップデートさせるとともに，モニタリングや能力構築支援などを通じて条約実施を促進する役割を果たす．国際制度のなかには，国連森林フォーラム（UNFF）のように対話や学習が主体で，法的拘束力のある決定を行わないフォーラム型の制度も存在する．こういった，様々な取り組みを通じて協力を発展させていく．

　また，国際制度は機能的に4つの要素に分けられる．第一に明確なルールを定めアクターの行動を規律する規制的要素，第二に集合的決定を導くための手続き的要素，第三に科学調査，能力構築，技術・資金提供などのプロジェクトを実施するプログラム的要素，第四に新しい概念，規範を生み出すことで社会的慣行を発展させる生成的要素である．前二者に重点を置いた制度をハードな制度，後二者に重点を置いた制度をソフトな制度と呼ぶ．大部分の制度は，ハードとソフトの両面を備え持っているが，厳格な規制を伴うハードな制度を構築するには，ソフトな制度による十分な土台作りが必要となる（阪口，2008）．

　一般に共有資源に該当する地球環境問題の場合は，フリーライダーを防止する必要性からハードな制度が構築される．すなわち厳格なモニタリング・システムを構築し，条約に参加しない国や違反国には制裁を適用する．しかしながら，こういった遵守メカニズムには大きなコストが伴うため，遵守メカニズム

図7.3 調整ゲーム

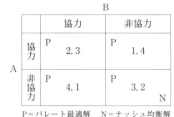
図7.4 ゼロサムゲーム

自体が囚人のジレンマに陥り，過小供給となることが少なくない．それゆえ，S．バレットは，特に制裁について第三者の協力に依存しない「自動執行」的な制裁メカニズムの必要性を指摘する(Barrett, 2003)．

例えば，マルポール条約は，船舶のバラスト水(空の油槽に重しとして積まれる海水)の排出による油濁防止のために分離バラストタンクの設置を義務づけたが，99％を超える商船がこの措置に従っている．これは，世界の船腹量の50％を超える国が加盟し，1983年に条約が発効した時点で，非協力者は少数の非加盟国にしか寄港できなくなったためである．つまり，協力に歩調を合わせる「調整ゲーム」となった(Barrett, 2003)．調整ゲームでは，協力解と非協力解がともにナッシュ均衡かつパレート最適になるが，皆が協力で歩調をあわせると，非協力は自己懲罰的行為となり，制裁は自動執行的となる(図7.3参照)．

なお，各国の私有財となる非越境性の生物資源の場合，過度にハードな制度を構築すると加盟国が増えず機能しなくなるため，まずはソフトな制度を構築し，学習・啓発，能力構築を通じて自発的な取り組みを促す必要がある．後述の森林条約交渉の失敗は，この選択の誤りにある(阪口，2008)．

### 7.2.2 国際制度の有効性と問題構造

地球環境ガバナンスにおいて重要となるのが国際制度の有効性である．有効性には様々な定義が存在するが，制度による相対的改善として計測する必要がある(阪口，2007)．例えば，ある漁業管理機関が科学的勧告を超える漁獲枠を設定し，規制らしい規制をしていなくても，海水温などの環境変化により資源が回復する場合もあるが，この場合は国際制度が有効であったとは言えない．

相対的な改善は，国際制度の規制的要素だけでなく，プログラム的要素，生成的要素によってももたらされる．前者では能力構築や科学調査を通じて，後者では概念や規範が社会に浸透し，社会的慣行が変化することで改善をもたらす．短期的に観測可能な規制的要素による効果と異なり，プログラム的要素や生成的要素の効果は，長期の時間軸をとる必要がある．例えば，国連環境開発会議（UNCED）は「持続可能な開発」という新たな規範を社会に幅広く普及させようとするもので，まだ顕著な成果に繋がっていないものの，人権規範のように半世紀越しの浸透により高い有効性をもたらす可能性がある．

　なお，国際制度の有効性については，問題構造により大きく左右されることが知られている．つまり，問題構造が悪性だと有効性は低く，良性だと高くなる（阪口，2007）．代表的な問題構造は表7.1の通りである．まず，囚人のジレンマとゼロサムゲーム（図7.4参照）は，双方の支配戦略が非協力であるため悪性となるが，保証ゲーム（前掲図7.2参照），調整ゲーム（図7.3参照），調和ゲーム（後掲図7.7参照）のように，協力解がパレート最適かつナッシュ均衡にあるゲーム，後述の説得ゲーム（後掲図7.6参照）のように片方の支配戦略が協力にある場合，互いに裏切り合う関係には陥りにくいため良性となる．

　分配の不平等性は大きいほど悪性となる．一方向性の問題はゼロサムゲームになるため悪性となる．代表例は，川上国，川下国に分かれる国際河川（中国を上流国とするメコン川など）や風上国と風下国の間で発生する酸性雨などの越境大気汚染問題である．こういった場合でも，汚染者負担ではなく「被害者負担」による加害国での汚染除去は可能である．例えば，日本の援助による中国沿岸部の発電所への脱硫装置の設置などがケースとして挙げられる．

　また，相対的利得，すなわち利得の絶対的な価値ではなく，他者の利得との大小関係への関心が高まると，囚人のジレンマの解消が困難になることが知られている．パワー関係に影響を及ぼすスケールの問題，あるいは（潜在的に）敵対する関係にある国々の間で発生する問題が該当する．地球環境問題で絶対的利得ではなく相対的利得への関心が優越することは希であるが，気候変動問題は，相対的利得への関心が重要となる例外的ケースである（阪口，2007）．

　科学的不確実性あるいは状況の不確実性が高い場合も，それを理由に協力しないアクターが現れるため悪性となる．また，アクターの行動をモニタリング

表 7.1　問題構造の分類

| 問題構造 | 良性 | 悪性 |
| --- | --- | --- |
| ゲームの構造 | 調整ゲーム<br>保証ゲーム<br>説得ゲーム<br>調和ゲーム | 囚人のジレンマ<br>ゼロサムゲーム |
| 分配の不平等性 | 小さい | 大きい |
| 方向性 | 無方向性 | 一方向性 |
| 利得のとらえ方 | 絶対的利得 | 相対的利得 |
| 不確実性 | 小さい | 大きい |
| モニタリング | 容易 | 困難 |
| アクターの数 | 少ない | 多い |
| アクターの同質性 | 同質 | 異質 |
| 問題解決能力 | 大きい | 小さい |

出典）阪口(2007)などにもとづき筆者が作成．

することが困難なほど裏切りを把握しにくくなるため，悪性となる．関係するアクターが多くなるほど，モニタリングの難易度が上がるため悪性となる．

　アクターの同質性も重要で，先進国同士など同質的なアクター間の問題の方が良性となり協力は成立しやすくなる．これは，環境対策は長期的な利益のための投資であるため，将来の利得に対する割引率が低い先進国と高い途上国では選好が異なるからである．アクターの問題解決能力は，行政統治能力が高く，資金も豊富な先進国が高く，逆に途上国が低い傾向にある．よって，砂漠化など途上国で発生する問題は悪性度が高くなる．実際，先進国が資金提供を渋るなか国連砂漠化対処条約は，ほとんど進展を見せていない(Conliffe, 2011)．

### 7.2.3　制度デザインと有効性

　問題構造は国際制度の有効性に大きな影響を与えるが，B. コレメノスらは，問題構造に応じて合理的に制度構築すれば有効性が高まると論じ，合理的制度デザインに関する仮説を数多く提示した(Koremenos et al., 2001)．第一に，アクター間の異質性や分配の問題が大きい場合は，制度のスコープ（対象問題領域）を広くデザインする必要がある．これは，異なる問題とのイシュー・リンケージにより全体的な利害の調和を図る措置である．よって，環境と開発をリンクさせた UNCED のアプローチは制度デザイン的には合理的と言える．

　第二に，状況の不確実性が高いほど科学的調査・評価機能を集権化する必要

がある．例えば，東太平洋のマグロ資源を管理する全米熱帯まぐろ類委員会 (IATTC) は，独自の科学スタッフを多数抱え，科学スタッフに条約に勧告する権限を与えている．第三に，状況の不確実性が高いほど規制措置の柔軟な変更を可能にする必要がある．例えば，3分の2の多数決で規制措置を変更できるワシントン条約は，種の状況に柔軟に対応できるようにデザインされている．

第四に，裏切るインセンティブが高く，アクターの数が多く，モニタリングが困難なほど，モニタリング・システムの集権化が必要となる．例えば，遠い南極海で操業する無数の漁船を規制する南極海洋生物資源保存委員会 (CCAMLR) は，各漁船が船籍登録国ではなく条約事務局に直接位置情報を発信する船舶位置監視システム (VMS) を導入している．第五に裏切るインセンティブが高いほど，制裁システムが必要となる．例えば，大西洋まぐろ類保存国際委員会 (ICCAT) では，非加盟国に対する禁輸措置，漁獲枠を超過した加盟国には次年度の漁獲枠から差し引くなどの制裁措置を導入している．

制度デザインは，効果的な国際制度の構築に非常に重要な研究であるが，R. ミッチェルは制度デザインの内生性問題を指摘する．すなわち，制度デザインと問題構造には密接な関係があり，不合理なデザインの制度では問題構造が悪性の場合であることが多いと．内生性の問題は，人為的な工夫により国際制度の有効性を高める余地が限られている可能性を示唆する (Mitchell, 2006)．

## 7.3　世界市民社会とプライベート・レジーム

### 7.3.1　世界市民社会の形成

ここまで，国際社会の問題解決を妨げる構造的要因を分析してきたが，国際社会が進展を示せないときは，世界市民社会でプライベート・レジームを形成することで補完する動きが強まる．よって，地球環境ガバナンスは，国際社会と世界市民社会の2つのレベルで多元的に把握する必要がある（図 **7.5** 参照）．

なお，市民社会は，NGO，企業，個人から構成される政府から自律した公共空間であり，長年国家権力の恣意性や市場の暴走を制御する役割を果たしてきた．従来はNGOと市民社会が同一視される傾向が強かったが，企業の社会的責任の意識が高まった現在では，企業も市民社会アクターに含めて議論する

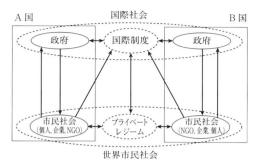

図 7.5　国際社会と世界市民社会
出典）筆者が作成．

必要がある．また，個人も消費行動や抗議行動を通じて社会問題の解決に貢献する重要な市民社会アクターである．市民社会は基本的に各国の国内に存在するが，NGO，企業，個人の国境を越えた活動，交流が盛んに行われるようになると，国境を越えて市民社会が連結され，世界市民社会が形成される．

### 7.3.2　プライベート・レジームの形成

　NGO は伝統的には国際社会に働きかけ，国際制度の形成と発展を通じて問題解決を図ってきた．例えば，ワシントン条約の成立には国際自然保護連合が，国際捕鯨委員会の商業捕鯨禁止決定ではグリーンピースなどの NGO が，中核的な役割を果たしていた．また，NGO は環境問題の元凶となっている企業に対する直接的なデモ活動やボイコット運動を通じても問題解決を図ってきた．

　こういった古くから続く活動に加え，近年は，NGO が企業とパートナーシップを組みながら環境，労働などの社会分野で，民間の国際制度とも言えるプライベート・レジームを構築し，問題解決に取り組んでいる．森林管理協議会（FSC）の森林認証ラベル制度，GHG 排出量と気候変動対策に関する情報公開を企業に要求するカーボン・ディスクロージャー・プロジェクト（CDP）などが環境分野のプライベート・レジームの代表例である．

　このようなプライベート・レジームの構築は 1990 年代から急増しているが，背景には，経済のグローバル化の負の側面（環境規制や労働条件の底辺への競争など）を是正する社会分野の国際制度形成が一向に進まなかったことがある．そ

のため，NGO は公権力に見切りをつけてプライベート・レジームの構築により，世界市民社会で直接問題解決を図ろうとしたのである(阪口，2013)．

### 7.3.3　企業の動機

企業側の視点から見ると，プライベート・レジームへの参画は主に 2 つの目的で行われる．第一に，公的規制の回避である．1984 年にインドでアメリカのユニオンカーバイド社が引き起こした化学工場事故を契機に形成されたレスポンシブル・ケアがこの代表例である．第二に，企業イメージの向上である．例えば，欧米の大手スーパーでは，海洋管理協議会(MSC)の認証ラベル付きの水産品が普及しているが，企業イメージの向上が参加の大きな動機となっている．ただし，イメージ脆弱性の低い商品(中間財や必需品)の場合は，ラベルの普及が進みにくい傾向がある(阪口，2013)．

プライベート・レジームの拡散は，国際社会のガバナンスの失敗を補完する注目すべき現象であるが，以下の大気環境と生物多様性の事例研究で観察されるように，市場の「横暴」に対抗するのは容易ではない．

## 7.4　大気環境

ここまで地球環境ガバナンスの基本枠組みを国際社会と世界市民社会に分けて多元的に検討してきた．以下，大気環境，生物多様性に分けて，国際制度の有効性と問題構造，制度デザインの関係，プライベート・レジームによる補完について検討し，持続可能な発展の可能性を探っていく．

### 7.4.1　国際制度の有効性

大気系の地球環境問題は，共有シンクの管理の問題に該当し，オゾン層，酸性雨，気候変動に対応する国際制度がそれぞれ構築されている．しかしながら，その有効性は問題により大きく異なる．すなわち，オゾン層については，モントリオール議定書(1987 年締結)によりフロンの 50% 削減措置が導入されたが，その後数年おきに規制が大幅に強化され，主要なオゾン層破壊物質(フロン，ハロン，臭化メチルなど)の全廃に向けた作業が着実に進められている．その結果，

2069年には南極のオゾンホールの消滅が予想されており，モントリオール議定書の有効性は非常に高いと言える(阪口，2007)．

ヨーロッパで深刻化した酸性雨は長距離越境大気汚染条約(1979年締結)により対処されているが，国際制度としての有効性は当初低かった．硫黄酸化物($SO_x$)については，1985年に30%の削減(1980年比)を規定したヘルシンキ議定書が，1994年に「臨界負荷量」の概念に基づき国別に$SO_x$削減量を規定したオスロ議定書が，締結されたが，大部分の加盟国は義務を遥かに超えて削減していた．これは各国が公害防止のために国内で実施予定であった削減量の最低ラインを議定書の義務に設定していたからである．つまり，国際制度による相対的改善は乏しかった．窒素酸化物($NO_x$)については，1988年に採択されたソフィア議定書で規制されたが，排出量の凍結(1987年水準)にとどまり，酸性雨を防止する上では全く不十分であった(Sandler, 1997; Barrett, 2003)．

当初低かった酸性雨の国際制度の有効性が改善されたのは1990年代末からである．懸案となっていた$NO_x$の排出量は，1999年にヨーテボリ議定書が締結されると2006年までに35%(1990年比)も減少した．酸性雨の臨界負荷量を超える地域も3250万ヘクタール(1990年)から440万ヘクタール(2010年)へと大きく減少している．しかしながら，議定書がなくても達成された部分が少なくないため，国際制度としての有効性は中程度である(Wettestad, 2011)．

最後の気候変動の問題は，先進国全体の平均で5.2%のGHG排出削減を規定した京都議定書が1997年に採択されたが，100年後の気温上昇を0.1度緩和する効果しかなかった．しかも，世界最大の排出国であったアメリカが，途上国が削減義務を負わない京都議定書には意味がないとして離脱していた(阪口，2007)．つまり，温暖化の防止は全てポスト京都の交渉にゆだねられていた．

そのポスト京都の交渉は2007年から本格化したが，アメリカと削減義務を頑なに拒否する中国——現在は世界最大のGHG排出国——などの主要途上国との対立が解けないまま，2012年末に京都議定書の削減義務期間が終了した．その後は，各国が2020年までの削減目標を自主的に宣言し，国連気候変動枠組条約(UNFCCC)のもとでその実施を検証する制度に移行しているが，GHG排出量は増加の一途を辿っており，今世紀末までに2度未満に気温上昇を抑制する政策目標の達成は非現実的な状況である(Gupta, 2014)．このように，気候

変動の国際制度は有効性が非常に低い．

### 7.4.2　問題構造

オゾン，酸性雨，気候変動で国際制度の有効性にこのような大きな差異が発生している原因は，R. ミッチェルが指摘するように問題構造によるところが大きい(Mitchell, 2006)．まず，有効性が低い気候変動では，気温上昇の予測や発生する損害の評価に高度の不確実性が伴う．削減コストが GDP の数％に及ぶ囚人のジレンマ・ゲームであり，裏切りのインセンティブは極めて高い．中国の「平和的台頭」に対する疑念から主要国間で相対的利得への関心も高まっている．中国を含む途上国の排出量の急増により，協力を必要とするアクターの異質性も高い．モニタリングは，あらゆる部門が排出源となっているため容易ではない．このようにアナーキーな国際社会で協力を発展させるには，劣悪な問題構造がそろっている．

他方，オゾン層の問題は，当初高かった科学的不確実性が，モントリオール議定書締結後にオゾン層の破壊が人為的な要因により発生していることが確認されて大きく低下した．削減コストは，フロンの最大生産国のアメリカにあっても GDP の 0.001％ にすぎず，相対的利得への関心も発生しなかった．それ以上に，ゲームの構造が，片方のアクターの支配戦略が協力となる良性の「説得ゲーム」であった．実際，アメリカ(図 7.6 の A)は，単独でフロンを削減した場合であっても，その利益(皮膚がん回避など)がコストを上回っていた．

さらに，オゾン層の回復によりアメリカ一国が享受する利益の総額は，全世界の削減コストの 17 倍と推定されたため，途上国(図 7.6 の B)が自発的に協力するインセンティブを有さなくても，削減コストを肩代わりすることで協力してもらうことが合理的であった．これは，アメリカには公共財を一方的に私的供給するインセンティブがあったことを意味した(Barrett, 2003)．

また，フロンはほぼ全てが先進国で製造されていたため，アクターの同質性は高く，問題解決能力も大きい．さらに，フロン製造企業はアメリカでも 5 社に過ぎず，モニタリングも容易であった(Sandler, 1997)．このようにオゾン層の問題は，気候変動とは対局の極めて良性の問題構造となっていた．

ヨーロッパの酸性雨の問題構造はオゾンと気候変動の中間にある．地域的特

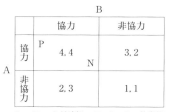

図 7.6 説得ゲーム  図 7.7 調和ゲーム

性から不確実性の程度は相対的に小さく,先進国間の協力のためアクターの同質性は高い.他方で,偏西風の影響のため風上風下の一方向性の問題となり,風上国は協力するインセンティブが弱い.ただし,$SO_x$ の移動距離は短いため,大部分の国では排出量の 50% 以上が自国に沈殿する.それゆえ,被害回避のために一方的に削減するインセンティブを有する「調和ゲーム」であった(図 7.7 参照).他方,移動距離が長い $NO_x$ の自国沈殿割合は多くの国で 20% 以下であり,典型的な一方向性の問題であった.さらに,$SO_x$ が発電所,製鉄所という限られた施設から排出されるためモニタリングが容易であるのに対して,運輸部門が主な排出源となる $NO_x$ はモニタリングが難しい(Sandler, 1997).このように良性と悪性が混在する酸性雨の問題構造は中程度であると言える.

### 7.4.3 制度デザイン

この問題構造の良性度・悪性度の違いは,そのまま制度デザインに影響を与えている.すなわち,モントリオール議定書には多くの優れた工夫が盛り込まれている.まず,規制措置の迅速な強化を可能にするため,既に規制対象となっていた物質の規制強化措置には批准を必要としない「調整」という柔軟な手続きが導入されていた.さらに,フリーライダーを防止するため,規制対象物質の貿易は加盟国間に制限され,不遵守国にも貿易制限措置が設けられた.また,途上国の加盟を促すために,モントリオール多国間基金を設置し,先進国が代替物質に置き換える追加的費用を全て負担した.これは,多くの先進国が公共財を私的供給するインセンティブを有していたからである(阪口, 2007).

これに対して,京都議定書は,規制の修正には全て批准が必要であったため

規制を迅速に強化することができなかった．また，非加盟国に対する貿易制限措置がないためフリーライダーを排除できなかった．途上国が削減義務を受け入れた場合の追加的費用負担を賄うための多国間基金も存在しない．京都議定書締結後に，不遵守国に対して超過量の1.3倍を次期約束期間に上乗せする制裁措置を導入したが，制裁規定の批准を拒否することで，あるいは次期約束期間の削減目標を低く設定することで制裁を無効化できた(Barrett, 2003)．

このように京都議定書はあらゆる面で不合理にできているが，問題構造の悪性度がそうさせていた．すなわち，批准を必要としない「調整」の手続きを導入すると，先進国は一方的に協力するインセンティブがない状況で，票数に勝る途上国に決定権をゆだねることになる．制裁措置が緩いのも，もとより裏切りのインセンティブが極めて高い囚人のジレンマ状況下で，責任論から先進国が一方的に削減するという合理性に反する規定になっているからである．

酸性雨の取り組みが1990年代末から向上したのは，国際制度への参加を通じて加盟国の啓発が進んだこともあるが，制度のスコープを拡大したことが大きく作用している．すなわち，ヨーテボリ議定書は，酸性雨以外にも富栄養化の防止と人体に有害な地上オゾンの低減も目的としていた．さらに，前年には重金属議定書と残留性有機汚染物質(POPs)議定書が締結されており，長距離越境大気汚染条約は大気経由の水質・土壌汚染を含む包括的な条約へと変容していた．こうして複数のイシューがリンクされたことで一方向性が緩和され，全体としてどの国も協力により恩恵が得られる状況となっていた(Wettestad, 2002)．酸性雨でこのような制度デザイン上の工夫ができたのも，アクターの高い同質性など問題構造の悪性度が相対的に低いからである．

### 7.4.4　プライベート・レジーム

国際制度の有効性が顕著に低い気候変動問題では，2000年に設立されたCDPが中心となり，金融メカニズムを利用したプライベート・レジームによる補完の試みが行われている．CDPは世界のアセット総額の75%を保有する665の機関投資家の賛同を受け，世界中の大企業に対してGHG排出量と気候変動対策に関する情報開示を要求している．情報開示を拒否した企業はウエブ上に晒されるとともに，開示に応じた企業の情報は評点付けの上に公開され，

投資家の投資判断に活用されている(MacLeod and Park, 2011).

CDP の要求に対して既に 3000 社ほどが情報開示しており，その広がりはめざましい．しかしながら，金融市場の特性を考慮すると CDP の見通しは明るくない．確かに，気候変動対策に積極的な企業は，規制が強化された場合，市場での競争で有利となるが，それは将来の長期的な効果である．他方，機関投資家のファンドマネージャーは，短期かつ成果報酬の契約になっているため，気候変動対策は投資先の選定基準とはなりにくい．また，仮に社会的意識の高い機関投資家が，情報開示に応じない企業，あるいは開示はしたが評点が低い企業の株を売り浴びせ，株価が下落したとしても，株価収益率などの指標に基づき割安な株に選択的に投資するヘッジファンドほかの機関投資家に買い増され，株価は回復していくため，十分な圧力とはなり得ない(Harmes, 2011).

まだ歴史が浅い CDP の将来を判断するには時期尚早であるが，市場の失敗を解決しようとするプライベート・レジームの前には，市場の力という乗り越えるべき高い壁がそびえ立っている．

## 7.5 生物多様性の保全

生物多様性の損失は，海洋種では乱獲が，陸上種では生息地の破壊が主要因となっている．ここでは，ラムサール条約(特に水鳥の生息地として国際的に重要な湿地に関する条約)と森林条約交渉を事例として，生息地保全に関する国際制度の有効性を分析し，共有資源の国際管理とは異なるアプローチが必要となることを示す．さらに，プライベート・レジームによる補完の動きを分析する．

### 7.5.1 国際制度の有効性

大気環境や越境性の動物と異なり，生息地は各国の排他的管轄下にあるため，国際制度形成が特に遅れている．アンブレラ的存在である生物多様性条約は，生物多様性国家戦略の策定などの一般的義務を規定するにとどまる．

生息地の保全を目的とするグローバルな条約のなかで，比較的機能しているのはラムサール条約(1971 年締結)であり，現在では 168 か国が加盟し，世界の湿地面積の 16.2% が保護されている．同条約は，干潟，湿原に加え，湖沼，

河川，水深 6 メートル以内の海域も保護対象とするため，生息地の保全における潜在力は非常に大きい．湿地面積は今も減少を続けているが，ラムサール条約がなければその減少はさらに進んでいたと考えられ，国際制度に一定の効果が認められる．

森林については，温帯林，寒帯林の森林面積は安定していたが，生物多様性の宝庫である熱帯雨林が，1990 年代に年間 800 万ヘクタールという憂慮すべきスピードで減少を続けていた(Achard et al., 2014)．しかしながら，国際熱帯木材協定は木材貿易を管轄するのみで伐採を規制できなかった．それ以上に，熱帯雨林減少の主要因は，木材貿易ではなく農地転換や薪端材の採取であった．そのため，アメリカの提案に基づき森林条約を締結しようとしたが，開発を制限されることを恐れた途上国の反発が強く，UNCED では法的拘束力のない森林原則声明の採択にとどまった．森林条約交渉はその後も続けられたが，2000 年に条約締結を断念し，UNFF のもとで各国が自発的に行動計画を作成し，その実施を報告する制度に移行した．しかしながら，UNFF では報告義務すらなく，採択された目標や原則の実施は進んでいない(阪口，2008)．国際制度が機能不全を起こすなか，熱帯雨林の減少スピードは 2000 年代も年間 760 万ヘクタールと高水準のままである(Achard et al., 2014)．

### 7.5.2 問題構造

ラムサール条約の有効性は熱帯雨林の国際制度と比べて相対的に高かったが，それは問題構造の相違をある程度反映していた．もともと渡り性の水禽の保全を目的としていたラムサール条約は，良性の「保証ゲーム」であった(**図 7.2**)．すなわち，各国が協力して渡りの経由地である湿地を保護することが最善であり，互いに裏切るインセンティブはないが，自国だけでは渡り鳥を保護できないので，他国の協力を信じられない場合は湿地を開発し，非協力を選ぶ．

他方，森林条約交渉では，熱帯雨林を有しない先進国が遺伝資源の供給源や炭素シンク(貯蔵)——森林破壊による二酸化炭素の排出量は全体の 12〜20％を占める——の観点から途上国に保全を要求し，経済成長を重視する途上国がこれに反発していた．ゲームの構造としては，悪性のゼロサムゲーム(**図 7.4**)となり，遺伝資源を活用する技術を持たず，また気候変動問題に対する優先順

位が低い熱帯雨林保有国(図7.4のA)には協力のインセンティブが存在しなかった．なお，このゲームでは，熱帯雨林を保有しない先進国(図7.4のB)の協力は，資金や技術の提供を意味する．

また，モニタリングは，視認性がよい湿地の方が，鬱蒼と繁る広大な熱帯雨林よりも容易である．問題解決能力は，先進国が占める割合が大きい湿地の方が良性となる．よって，両者の問題構造を比較すると湿地の方が良性となる．

### 7.5.3 制度デザイン

制度デザインとしては，湿地や熱帯雨林は各国の私有財であるため，プログラム的要素と生成的要素を中心とするソフトな制度の構築を通じて，湿地や熱帯雨林の価値の学習を進め，自発的な取り組みを促す必要がある．また，ゼロサム的状況にあった熱帯雨林については，制度のスコープの拡大により利害の調和を図る必要がある．生息地の保全についても，良性度の高いラムサール条約の方が優れた制度デザインを有することが見て取れる．

ラムサール条約では，当初より主権制限的な条約は支持されないと考え，湿地保全を「推進する義務」を課すにとどめた．よって，加盟国の法的義務は国際的に重要な湿地を最低1つ登録するだけであり，湿地登録の取り消しも可能であった．ただし，自発的に登録した湿地の保全状態が悪化すると，国際的な注意が喚起される「モントルー・レコード」に掲載され，国際的な不名誉となり，心理的な圧力がかかる．

また，ラムサール条約は水禽保護という限定的なスコープが災いし，当初は途上国の加盟が増えなかった．しかしながら，1980年代からスコープを拡大しはじめると途上国の参加が増加していく．すなわち，国際的に重要な湿地の基準を改正し，動植物や魚類にとっての重要性を加えていった．スコープの拡大は途上国の加盟を促したが，同時に開発の利益とも衝突しやすくなった．そのため，1990年代後半に入ると湿地の多様な機能(洪水防止，海岸浸食防止，水質浄化，養分の蓄積など)を経済的に評価するようになり，1999年から始まった「CEPA」(広報，教育，普及啓発)プログラムを通じて，有益な湿地の生態系を壊すことなく賢明に利用する「ワイズユース」を呼びかけ続けた．こうした長期の啓発と学習の効果として，以前は不毛の土地として開発されてきた湿地が，

多くの国で保全対象と見なされ，自主的に条約に登録する動きが強まっていった．ソフトな制度のもとで，スコープを拡大し，啓発・学習を強化したラムサール条約の制度デザインと取り組みは合理的であった(阪口，2008)．

森林では，ラムサール条約とは対照的な制度デザインで条約交渉が進められていた．先進国は，森林保全の多面的な機能(土壌保全，水源の涵養など)が有する経済的価値に関する理解が進んでいない状況で，途上国の森林開発を国際的に監視，管理する主権制限的な国際制度を構築しようとし，ゼロサム的な状況を作り出していた(Davenport, 2005)．この状況で協力を可能にするには，国際制度のスコープを森林保全に絞るのではなく，拡大することが必須であった．

条約交渉のために1997年に設置された森林に関する政府間フォーラム(IFF)では，途上国は態度を軟化させ，資金援助や技術移転を条件に条約を受け入れる姿勢に転じていた．これは「森林減少の回避」(＝開発の遺失利益)に対する補償要求であったが，スコープを拡大すれば森林条約の締結は可能であることを意味した．しかしながら，先進国は，森林破壊の原因は途上国自身にあると考え，資金援助の規定を条文に盛り込むことに強く反対したため，交渉が頓挫していた．このように森林条約は，不合理な制度デザインで交渉が進められ，失敗に終わった．交渉失敗の背景には，ゼロサムゲームの構造で異質性の高い先進国と途上国の間の協力を必要とする悪性の問題構造があった．

### 7.5.4　プライベート・レジーム

森林条約交渉の頓挫を受け，環境NGOは関係企業を巻き込みながらプライベート・レジームを次々と構築し，国際制度の機能不全を補完しようとしている．この動きの中心となっているのが世界自然保護基金(WWF)である．WWFは，1993年にFSCの認証ラベル制度を発足させ，持続的に管理された森林から産出された木材，家具，紙製品とそうでないものの差別化を進め，啓発された市場を通して問題解決を進めようとした．

また，アマゾンや東南アジアで熱帯雨林の農地転換の動きが強まると，WWFは，2003年には持続可能なパーム油のための円卓会議(RSPO)，2004年には責任ある大豆に関する円卓会議(RTRS)，ベター・シュガー・イニシアチブ(BSI)，2007年には持続可能バイオ燃料に関する円卓会議(RSB)，2010年に

は持続可能な牛肉のための円卓会議(SBR)の各認証ラベル制度を次々と立ち上げ，農地転換に歯止めをかけようとしている(WWF, 2012)．

一般に，認証ラベルのブランド価値には正の「ネットワーク効果」が存在するため，軌道に乗せるには，いち早くシェアを高め，市場での認知度を高める必要がある．しかし，シェア獲得を重視しすぎると，企業が参加しやすいように基準や運用を緩和する誘因が発生する．特に業界が緩やかな対抗プライベート・レジームを構築し，競合するようになると，緩和圧力が強まる．実際，厳格なFSCの普及を恐れた林業界が1999年に森林認証制度相互承認プログラム(PEFC)を立ち上げ，シェアでFSCを圧倒する様になると(阪口，2013)，FSCは，2004年から非FSC認証紙から作られたリサイクル紙の認証を，2005年には非FSC認証紙がミックスされた紙の認証を認めるなど，規模の追求に走り，結果として基準を大きく緩めることになった(Moog et al., 2014)．

現在のところ，イメージ脆弱性が低い中間財が認証の主対象であることも災いし，プライベート・レジーム群の熱帯雨林保全への効果は全体的に乏しい．認証面積に占める熱帯雨林の割合は，FSCが12%，PEFCが2%に過ぎず，認証林のほとんどは寒帯林と温帯林である．熱帯雨林の農地転換については，唯一RSPOだけが市場での存在感を高めており，世界のパームオイル生産の18%を占めるまでに成長している．しかしながら，「証券化」の手法を採用するなど低コスト路線を選んだRSPOは，基準と運用に厳格さが欠けることで激しい批判を浴びている(Pesqueira and Glasbergen, 2013)．このように，プライベート・レジームは，厳格さを維持してニッチな存在にとどまるか，シェアを追求して「底辺への競争」に陥るのかというジレンマにしばしば晒される．

## おわりに

本章では，国際制度とプライベート・レジームによる地球環境ガバナンスの可能性について検討してきた．事例として，大気環境(オゾン，酸性雨，気候変動)と生物多様性(湿地，熱帯雨林)の問題を取り上げたが，同じ問題群であっても問題構造が大きく異なること，また，問題構造の良性度・悪性度により各国際制度の有効性が大きく左右され，悪性度が高いと制度デザインにも問題が多

いことが示された．特に国家の経済・開発政策の核心に触れる気候変動と熱帯雨林の悪性度は極めて高く，問題解決は容易ではないが，その困難さを踏まえた上で，最後に問題解決の道筋を検討したい．

　まず，制度デザインの改善により有効性を高める余地が存在する．気候変動の問題では，モントリオール議定書にならい貿易規制措置を導入する必要があろう．貿易は排除性のあるクラブ財であるため，貿易規制の導入によりフリーライダーの選択的排除が可能となる．ただし，GHG は多種多様な排出源から放出されるため，貿易規制は非協力国への全面禁輸措置になりかねない．これは非現実的なので，モニタリングの平易さも考え，一定の設備基準(燃料電池車，電気自動車，ハイブリッドカーなど)を満たした自動車のみ輸出が許可されるなどの仕組みを構築する必要がある(Barrett, 2003)．

　熱帯雨林の問題では，森林の価値に対する認識が不十分な状況で，規制的要素の強い国際制度を構築しようとして，途上国と先進国の間でゼロサム的状況を作り出してきた．それゆえ，ラムサール条約にならい，まずは森林の経済的価値について啓発を進める必要がある．この取り組みは，2010年に名古屋で開かれた生物多様性条約締約国会議で「生態系と生物多様性の経済学」(TEEB)の最終報告書が公表されたことで大きく進展している(吉田, 2013)．

　しかしながら，穀物価格，牛肉価格の高騰により，開発の利益が，熱帯雨林がもたらすローカルな利益を上回る可能性がある．それゆえ，国際制度のスコープを拡大し，熱帯雨林の外部経済(遺伝資源，炭素シンク)に報いる仕組みを導入する必要がある．それは，同時に途上国の開発の遺失利益に対する補償ともなる．遺伝資源については，2010年に生物多様性条約名古屋議定書が採択されたことで，遺伝資源の供与国に利益を還元する制度枠組みが構築された．炭素シンクについては，UNFCCC のもとで「森林減少の回避」に対して補償する枠組みが「REDD＋」(途上国における森林の減少・劣化に由来する排出の削減及び森林保全)として 2010 年に承認されており，現在制度枠組みの詰めの作業を行っている(Allan and Dauvergne, 2013)．このように，機能不全の UNFF を越えて，問題構造に適合する形で制度が構築されつつある．

　国際制度の有効性が低い気候変動と熱帯雨林の問題では，プライベート・レジームによる補完の取り組みが活発であったが，金融メカニズムを利用した

CDPも，認証ラベルを利用したFSC，RSPOも，十分な補完機能を果たせていない．NGOは国際制度に見切りをつけて，プライベート・レジームを通じて世界市民社会で直接問題解決を図ろうとしたが，補完的存在になるには，国際制度を見切るのではなくむしろパートナーとして強化する努力が必要である．

すなわち，CDPが市場の負の力を乗り越え効果を発揮するには，国際規制の強化の見通しが必要となる．これは，規制が強化されない場合，企業は気候変動対策コストを回収できなくなり，逆に市場からの撤退を迫られるからである．同じように，熱帯雨林に関する様々な認証ラベル制度が，プライベート・レジームの底辺への競争に陥ることなく普及していくには，熱帯雨林保有国が熱帯雨林の持続的な管理を真に望むようにならなければならない．そのような状況になれば，持続性に貢献しない認証ラベルはラベル市場から撤退を迫られるため，基準や運用の緩和圧力は働かなくなる．この状況を作り出すには，生物多様性条約で進められているTEEBの取り組み，名古屋議定書やREDD＋で進められている利益還元の仕組みを整備，強化する必要がある．

このように，国際制度の強化はプライベート・レジームの普及と発展を促すが，逆にプライベート・レジームの普及により問題に対する企業や市民の理解が高まり，国際制度の強化を進めやすくなる．すなわち，国際制度とプライベート・レジームの「共生的進化」に持続可能な発展の鍵が隠されている．

**文献**

阪口功(2007)「地球環境問題とグローバル・ガヴァナンス」『国際問題』第562号，37-50頁．

阪口功(2008)「野生生物の保全と国際制度形成」池谷和信他編『野生と環境』岩波書店，243-268頁．

阪口功(2013)「市民社会――プライベート・ソーシャル・レジームにおけるNGOと企業の協働」大矢根聡編『コンストラクティヴィズムの国際関係論』有斐閣，169-193頁．

吉田謙太郎(2013)『生物多様性と生態系サービスの経済学』昭和堂．

Achard, F. et al. (2014), "Determination of tropical deforestation rates and related carbon losses from 1990 to 2010," *Global Change Biology*, Vol. 20, pp. 2540-2554.

Allan, J. I. and P. Dauvergne (2013), "The global south in environmental negotiations: The politics of coalitions in REDD+," *Third World Quarterly*, Vol. 34, pp. 1307-1322.

Barrett, S. (2003), *Environment and Statecraft: The Strategy of Environmental Treaty-making*, Oxford: Oxford University Press.

Conliffe, A. (2011), "Combating ineffectiveness: Climate change bandwagoning and the UN convention to combat desertification," *Global Environmental Politics*, Vol. 11, pp. 44-63.

Davenport, D. S. (2005), "An alternative explanation for the failure of the UNCED forest negotiations," *Global Environmental Politics*, Vol. 5, pp. 105-130.

Gupta, J. (2014), *The History of Global Climate Governance*, Cambridge (UK): Cambridge University Press.

Hardin, G. (1968), "The tragedy of the commons," *Science*, No. 162, pp. 1243-1248.

Harmes, A. (2011), "The limits of carbon disclosure: Theorizing the business case for investor environmentalism," *Global Environmental Politics*, Vol. 11, pp. 98-119.

Koremenos, B., C. Lipson, and D. Snidal (2001), "The rational design of international institutions," *International Organization*, Vol. 55, pp. 761-799.

MacLeod, M. and J. Park (2011), "Financial activism and global climate change: The rise of investor-driven governance networks," *Global Environmental Politics*, Vol. 11, pp. 54-74.

Mitchell, R. B. (2006), "Problem structure, institutional design, and the relative effectiveness of international environmental agreements," *Global Environmental Politics*, Vol. 6, pp. 72-89.

Moog, S., A. Spicer, and S. Böhm (2014), "The politics of multi-stakeholder initiatives: The crisis of the forest stewardship council," *Journal of Business Ethics*, (DOI 10.1007/s10551-013-2033-3).

Ostrom, E. (1990), *Governing the Commons: The Evolution of Institutions for Collective Action*, Cambridge (UK): Cambridge University Press.

Pesqueira, L. and P. Glasbergen (2013), "Playing the politics of scale: Oxfam's intervention in the roundtable on sustainable palm oil," *Geoforum*, Vol. 45, pp. 296-304.

Runge, C. F. (1984), "Institutions and the free rider: The assurance problem in collective action," *Journal of Politics*, Vol. 46, pp. 154-181.

Sandler, T. (1997), *Global Challenges: An Approach to Environmental, Political, and Economic Problems*, Cambridge (UK): Cambridge University Press.

Weale, A. (1992), *The New Politics of Pollution*, Manchester: Manchester University Press.

Wettestad, J. (2002), *Clearing the Air: European Advances in Tackling Acid Rain and Atmospheric Pollution*, Hampshire: Ashgate.

Wettestad, J. (2011), "The improving effectiveness of CLRTAP: Due to a clever design?" in R. Lidskog and G. Sundqvist (eds.), *Governing the Air: The Dynamics of Science, Policy, and Citizen Interaction*, Cambridge (MA): MIT Press, pp. 39-60.

WWF (2012), *Better Production for a Living Planet*, Gland: WWF.

# 第8章　東アジアの経済発展と環境協力

森　晶寿

## はじめに

　アジアと一口に言っても，その姿は多様である．モンスーンの影響を大きく受ける地域から，内陸部の山岳地帯や砂漠地帯まである．民族・宗教・文化の相違も少なくなく，民主主義や自由の価値を共有しているわけではない．1人当たり年間所得水準や経済発展段階，人口密度，工業化率の相違も少なくない．こうした相違を反映して，アジア各国が直面している環境問題も多様である．

　アジアの国々は，理論的には，先進国が環境問題を克服する過程で開発した政策や技術を学習し，経済発展段階の早期に導入することで，先進国が経験した環境汚染を回避する後発性の利益を享受することができるはずである．ところが，現実には，先進国にキャッチアップするために急速に工業化・都市化を進めてきた．しかも企業誘致のために他国よりも厳しい環境政策を導入しにくくなっている．さらに越境環境問題や気候変動などのグローバルな環境問題への対応を迫られている．つまり，先進国よりも複雑な条件の下で多数の環境問題に取り組むことが求められている．

　これらの環境問題を解決することを目的に，国際社会はアジアの国々に対して環境協力を行ってきた．またアジアの国々も，越境環境問題に対応するために，自ら地域環境協力の枠組みを構築しようとしてきた．

　本章では，東アジアの環境問題の原因を，経済発展プロセスとの関係で明らかにする．次に，これまでの国際環境協力の成果と課題を詳述する．最後に，持続可能な発展を支える社会経済システムの実現に向けた展望と課題を述べる．

## 8.1 東アジアの環境問題の経済・制度的要因

### 8.1.1 権威主義的開発体制[1]

東アジアの資本主義国は，独立後の国家の統合を確保し，冷戦体制下の政治危機に対処するために，国家への権力の集中と抑圧的政治体制を基本とした権威主義的体制を構築した．東アジアの社会主義国も，共産党一党支配による全体主義体制を構築したものの，市場経済への移行後は，国家統合と共産党一党支配を正当化するために，権威主義的体制へと移行した．

権威主義国家は，自由の抑圧に対する国民の関心をそらすために，国民の関心を個人・家族・地域社会の福祉ではなく，国家や民族の経済的な豊かさ，即ち経済成長に向けさせた．そして開発を制度化するために，経済開発に関わる国家機関を整備して政策の立案を行い，国家が通貨・為替制度を管理することで，工業化の方向性を決め，同時にマクロ経済の安定性を確保し，労使関係にも直接介入した．外資による経済的支配への警戒感から，輸入代替工業化と国家による資金配分を通じた戦略的重点産業の育成を推進した．その手段として工業団地の開発や，付随した鉄道・港湾・道路・発電所などの経済インフラの整備も行った．ただし，経済成長の果実を目に見える形で国民に還元することが求められたことから，河川堤防の改修，用水路，上下水道，道路，公営住宅の供給等の農村や都市の生活基盤の整備も公共事業として推進した．

こうしたインフラ整備や公共事業は，しばしば社会や環境への悪影響を引き起こしてきた．そこで，深刻な社会・環境影響を及ぼしうる公共事業に対して周辺住民が反対運動を起こすようになった．しかし，権威主義的開発体制の下では，社会・環境影響は十分には考慮されず，反対運動も抑圧されてきた．

### 8.1.2 輸出主導型工業化

輸入代替工業化と，国家による戦略的重点産業の育成は，第2次石油危機とその後の累積債務問題により，変更を余儀なくされた．これを受けて東アジアの国々が採用したのが，貿易自由化と外資規制緩和の導入を通じた輸出主導型工業化であった．台湾を皮切りに各国で輸出加工区・保税区の建設や外資誘致

に必要な経済インフラが整備された．

この政策転換は，プラザ合意以降の急速な円高も相俟って，日本企業をはじめとする外資も積極的に反応し，外国直接投資を急速に増加させた．そして輸出も拡大して急速な経済成長をもたらした．そして農村から都市，特に首都圏や工業都市への人口移動による都市化や，比較優位に基づいた資源集約型・汚染集約型産業の成長を促し，環境汚染や自然資源の過剰利用をもたらした．

ところが，権威主義的開発体制の下では，輸出主導型工業化に伴う経済成長の果実は，国民に目に見える形ではあまり還元されなかった．金融自由化により，国家が資本市場に資金配分の方向付けを行うことも困難になり，裁量的に動員できる資金も減少した．外国直接投資に対する優遇税制を導入したために税収は経済成長ほどには増加せず，他方で累積債務問題を回避するために財政規律が重視されたため，政府は歳出をあまり増やすことはできなかった．そして増加した歳入は，外資誘致のための経済インフラ整備に優先的に配分され，国内の生活基盤の整備や福祉の充実，環境対策は後回しにされた．中国は，その上，国有企業に対する利潤上納請負制度の改革の失敗による中央政府の財政危機回避と財政の制度化（国家財政と国営企業会計との分離）を目的として分税制を導入し，かつ地方政府の起債を厳格に制限した．この結果，地方政府は歳入確保のために，農民に貸していた農地を廉価で買い取り，工業用地や住宅地に転売して開発を促進するようになった．そこで，既設工場だけでなく新設・増設工場からの環境汚染も著しくなり，土地収用に対する紛争も各地で頻発するようになった．しかし，循環経済や低炭素発展などに熱心な一部の地方政府を除けば，抜本的な対策が講じられることは少なかった．

輸出主導型工業化は，同時に権威主義体制から民主主義体制への移行と，環境保全制度の整備を促した．経済成長によって都市部を中心に成長した中間層は，権力の集中や政治的抑圧に対する不満を表面化し，民主化運動を主導ないし積極的に支持するようになった．この動きは，政治的自由の確保や制度的民主主義の導入だけでなく，市民社会の発展や住民参加型の政治体制といった議論を広範に引き起こした．そして1980年代末から1990年代初頭にかけて，韓国の民主化宣言，台湾の戒厳令解除，タイの軍事政権から政党政治への移行を後押しし，民選大統領や首相が誕生した．そして民主的制度が確立したことで，

より多くの人々が権威主義的政治体制の下で抑圧されてきた環境悪化に対する抗議運動を活発化させ，環境問題の解決を基本的人権の保障という国民に共通する問題として認識するようになった．そこで民主化運動の担い手が環境保護運動にも加わり，環境保護団体を結成して全国レベルで運動を展開し，環境訴訟を起こし，政府の政策や計画に対する代替案や解決策を提示する役割を担うようになった．また政党も，環境問題の解決を綱領に掲げるようになった．こうした動きを受けて，政府も，政権を維持するために，環境法や規制を整備し，環境省・庁を設置して行政権限と予算を拡充し，汚染源に対する取締権限を地方政府に委譲・拡充するなどの対応を行わざるを得なくなった．さらにタイでは，憲法を民主的なものに改正して，人々の環境保全の権利や，環境に悪影響を及ぼす事業での公聴会の実施，行政裁判所の設立を明確に規定した．

ただし，輸出主導型工業化は，全ての国で民主主義体制への移行を促したわけではなかった．中国でも同時期に市民による経済改革や政治改革に対する抗議運動は起こったものの，1989年の天安門事件によって制圧され，以降集会や結社は政府の厳しい管理の下に置かれることになった．結果，環境政策は，中央政府主導の工場閉鎖命令と環境保全事業・キャンペーン，地方政府による汚染課徴金の徴収などの上からの強制そして，市民やメディアによる「監視」等の手法の組み合わせで推進された．

また1992年の民主化を経て1997年に民主的な憲法を制定したタイでも，権力が軍事政権から政治・経済エリートへ移っただけで，市民が十分に情報にアクセスした上で政治的な意思決定に参加する機会を獲得できたわけではなかった．このため，環境影響評価や公聴会も事業実施が決定した後に実施され，あるいは十分な情報を入手できないまま限られた人数の住民が意見を述べることしかできないものも少なくなかった．

しかも新設された環境担当省庁は総じて権限・人材・予算が小さく，環境保全に必要なノウハウも少なく，政府機構内での地位も低かった．このため，より強力な権限を持つ他省庁と権限が重複ないし衝突し，鉱工業・農林水産業・エネルギー・交通・地域開発などの部門で発生した環境問題を解決することは容易ではなかった．

### 8.1.3 アジア経済危機とグローバル化の進展

東アジアの各国は，外資導入による輸出主導型工業化を加速させるために，外資参入規制や資本移動規制を次第に緩和・撤廃してきた．そして1994年以降円安・米ドル高が進む中で，事実上米ドルに連動していたタイ・バーツやインドネシア・ルピアなどの通貨が割高になり，為替相場維持のために政策金利を高く設定したことから大量の外資が流入した．これらの資金は，工業化の推進だけでなくノンバンクを通じて不動産や証券などにも投資されたために，資産バブルを発生させ，経常収支赤字も拡大した．これが外資による通貨の空売りを呼び込んだ．タイ・インドネシア・韓国は，外貨準備を取り崩して通貨防衛を図ったものの果たせず，金融危機を回避するために，変動為替制度への移行と国際通貨基金(IMF)の支援を余儀なくされた．しかし支援の条件(コンディショナリティ)としてIMFが要求した増税や歳出削減，金融機関改革などの構造改革を実施した結果，国内は混乱し，金融危機は経済危機へと深刻化した．そしてインドネシアでは，1998年にスハルト政権が崩壊するなど政治危機をももたらした．この3か国の経済危機は，経済的な総合依存を強めつつあったアジア諸国に伝播し，アジア経済危機を引き起こして多くの国が外貨準備を大幅に流出させた．

アジア経済危機を教訓に，アジア諸国はIMFの介入を2度と招かないように外貨準備を増やそうとし，輸出主導型の経済成長をより強く推進するようになった．中国は世界貿易機構(WTO)に加盟して差別的待遇を受けることなく輸出を行うことが可能になった．その他の国々も次々と二国間自由貿易協定(FTA)や経済連携協定(EPA)を締結していった．特に韓国は2003年のFTAロードマップを公表して以降，アジアだけでなく南米諸国・欧州連合・米国とも対象品目の多いFTAを締結して輸出を促進する環境を整備した(Mori, 2013b, pp.215-216)．この結果，輸出は大幅に増加した．

ところが，生産物の付加価値は欧米などの輸出先で外貨準備として蓄積され米国債などの金融商品で運用されて国内に還流されず(渡邉他，2009)，輸出先の消費のために行う生産活動で炭素排出量(内包炭素排出量)や水消費量も大幅に増加する「窮乏化成長」の様相を呈するようになった(森，2009b)．中国は生

産規模が他国に比べて大きく，しかも 1990 年代末の国有企業改革の中で公有制を放棄し，資本家の共産党への入党を容認するなど，共産党の政権担当の正統性を開発主義とナショナリズムに求めた．この結果，経済成長目標の達成が至上命題となり，「窮乏化成長」が顕著に表れた（下田他，2009）．この特徴は，他のアジア諸国でも見られた．例えばインドネシアは，スハルト政権崩壊後に各州の独立を防ぐため，地方政府に権限と財源を大幅に委譲した．そこで地方政府は，財政収入を増加させる目的で国内外の民間企業に森林伐採や油ヤシプランテーション開発の許認可（コンセッション）を乱発した．この結果，加工木材や椰子油の輸出は急速に増加した．これは，経済危機後のマクロ経済の安定に寄与する半面，泥炭地での油ヤシ農園の開墾や植林を目的とした野焼きを誘発したために各地で森林火災を頻発させ，煙害がシンガポールやマレーシアにも及ぶようになった．

「窮乏化成長」は，さらに，国内の貧富の格差，特に地域間や農工間の所得格差を拡大させた．貧富の格差を表すジニ係数は，タイとマレーシアでは低下しているものの，インド・インドネシア・中国では上昇している．しかも中国・マレーシア・フィリピン・タイでは社会不安の警戒ラインの目安とされる 0.4 を越えている[2]．特に中国では，中国開発銀行が地方政府に融資平台（シャドウバンキング）を設立させ，それを受け皿として土地使用権の売却代金を担保とした融資を行うことで開発事業を後押ししたことから，所得格差は顕著に拡大した（Sanderson and Forsythe, 2013）．所得格差拡大は，社会の現状への不満と将来への不安を広げ，各地で紛争を引き起こした．ところが，富裕層は自らの利益を追求するためにその経済的・政治的権力を活用して公共の利益を犠牲にする傾向にある（Dryzek, 2005）．また，経済成長の中で経済的利益を得た社会層も，自らの利益が直接的に脅かされない限り，紛争に積極的には参加しなくなった．結果，散発する紛争の焦点を基本的人権の保障や社会経済システムの改革といった，多くの国民に共通の利益を獲得することに集約することは困難になった．しかも環境税や課徴金，料金改革等の所得逆進性を持つ環境政策は，格差が拡大している社会では国民の反対が大きく，導入や執行は容易ではなかった．このため，紛争解決のための法規制や制度は必ずしも構築されず，たとえ構築されても厳格には執行されず，紛争を抜本的に解決することにはな

らなかった．

## 8.2 東アジアにおける国際環境協力の意義と変容

このように，東アジアの環境問題の抜本的な原因は，国家統合と政権の維持のために，国民に経済成長イデオロギーを浸透させ，個人や家族，地域社会の福祉の向上や環境問題の解決を後回しにしてきたことにある．しかし，環境問題が深刻化し，越境環境汚染やグローバルな環境影響を及ぼすようになるにつれ，国際社会も東アジアに対する環境協力を強化するようになった．

### 8.2.1 国連環境会議と多国間環境条約

国連が1972年以降開催してきた環境会議は，アジアの指導者や政府に環境保全の重要性を認識させた．会議後に，アジェンダ21や気候変動戦略などの国家レベルの環境保全計画や戦略を自ら作成する国もあった．しかし実際には，世界銀行グループの中で無償資金を供与する国際開発協会（IDA）が国家環境保全計画の作成を無償資金供与資格継続の条件としたために，コンサルタントを雇用してアジェンダ21を作成し提出した国も少なくなかった．

多国間環境条約も，条約が対象とする環境保全を国際社会の規範とし，多くの国の多様なアクターが内容や対策に関する情報を伝達したものはアジア諸国も保全意識を向上させ，条約を履行し国内でも執行するようになった．

ところが，アジェンダ21や多国間環境条約の内容が国内の分配構造を大きく変化させるものであるほど，途上国政府にとっては政治的・社会的リスクが高くなる．このため，途上国政府は条約への批准を躊躇し，あるいは厳格かつ継続的に執行をしなかった．このため，一時的な効果しか持たないことが多かった（Mori, 2011）．

そこで，アジェンダ21や多国間環境条約の実施を促す手段として，環境援助や環境協力が実施されるようになった．

### 8.2.2 政府開発援助（ODA）による環境援助

国際社会が途上国の環境保全を支援する端緒となったのは，ODAで支援さ

れた開発プロジェクトが途上国の環境破壊をもたらしているとの批判を受けたことである．この批判に対応するために，先進国援助機関や世界銀行などの国際開発機関は，環境・社会セーフガードポリシーを作成して支援プロジェクトの環境・社会影響評価を義務化するとともに，受取国である途上国に環境・社会影響評価を制度化するための支援を行うようになった．

国際社会が本格的な支援を始めたのは，1992年の国連環境開発会議以降のことである．経済開発協力機構(OECD)の開発援助委員会(DAC)が「環境援助」と定義したODAの1995-2011年の累積供与額は2655億ドルで，この期間の累積援助供与額の16.1%を占めている．

このうち東アジアは1990年代後半に最も多くの環境援助を受け取った(図8.1)．これは，日本が多額の環境円借款を中国・インドネシア・タイなどに供与したことに起因する．特に中国に対しては，1995-2001年の間に115億円の円借款を供与し，二酸化硫黄排出量を19万トン，化学的溶存酸素量(COD)排出量を34万トン削減した(山本，2008；永禮，2008)．これは同時期の中国の環境保護投資額3600億元の3.2%，二酸化硫黄削減量の4.9%，COD排出量の9.8%に相当する(森，2008b)．しかも，環境円借款の供与を決定した1994年時点では中国に決定的に不足していた，経済成長を継続しつつ環境問題を解決するのに必要な知識資本を中国政府に提供し(Economy, 2004, p.91)，中国政府や国有企業が自律的に環境政策や対策を強化する転機となった(森，2008a)．この点で，単に中国政府(国家環境保護総局)が立案した環境保全事業に対して資金支援を行う以上の効果をもたらしたと評価することができる．

ところが，環境援助は，必ずしも受取国の環境保全に対する当事者意識(オーナーシップ)を高め，環境保全を抜本的に進展させるのに必要な法規制の執行能力や，企業に環境保全の誘因をもたせる制度を構築させたわけではなかった．環境援助で支援を受けた末端処理技術は，汚染削減効果は高いものの設備投資及び維持管理・運転費用を要し，経済的利益を生まないことから，政府が規制を厳格に執行していない国では適切に運用されなかった．また汚染削減の経済効果も実証され，導入リスクが低いはずのクリーナープロダクションに対する支援も，環境規制の執行の緩いところでは，企業は初期投資費用の負担を嫌がって，デモンストレーション工場以外に広範に普及することは稀であった．し

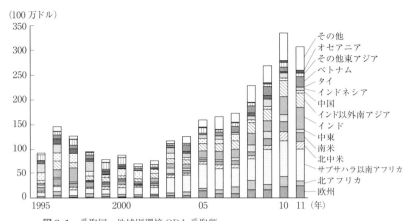

**図 8.1** 受取国・地域別環境 ODA 受取額
出典) OECD, Creditor Reporting System (http://stats.oecd.org/Index.aspx?datasetcode=CRS1#, 2013 年 6 月 25 日アクセス)に基づいて筆者作成.

かも,こうした「目に見える効果」を生み出すはずの環境援助を通じて強化を目指していた環境問題対処能力の強化・制度化も,必ずしもアジアの全ての受取国で進展したわけではなかった(森,2009a).

21 世紀に入ると,開発援助の焦点は,低所得国と気候変動にシフトした.9.11 同時多発テロ後に開催された 2002 年の国連開発資金会議で,ミレニアム開発目標を達成するための開発援助の増額が合意された.そこで,これまで環境援助が対象としていた国よりも所得の低い途上国への援助が重視されるようになった.この結果,地域別にはインド・南アジアやサブサハラ以南のアフリカが,東アジアではベトナムがより多くの環境援助を受け取るようになった(図 8.1).そして,途上国の当事者意識を高める目的から,援助は市民社会や非政府組織,民間企業等の幅広い関係者の参加を得て途上国政府が作成した貧困削減戦略文書(PRSP)に沿ったものにすること,そして貧困削減という結果を重視したものにすることが求められるようになった.

また,気候変動対策のための援助も増加した.2001 年の気候変動枠組み条約第 7 回締約国会議(マラケシュ会合)では,認証炭素排出削減量(CER)獲得目的での開発援助の使用は禁止された.ところが,クリーン開発メカニズム(CDM)事業の初期段階では,事業リスクだけでなく,CDM 理事会での認証登

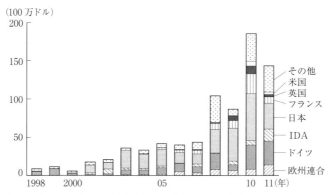

図 8.2　OECD 定義に基づく供与国別気候変動援助の推移
出典）OECD, *Creditor Reporting System*（http://stats.oecd.org/Index.aspx?datasetcode=CRS1#，2013 年 6 月 25 日アクセス）に基づいて筆者作成．

録や煩雑な手続きなどのリスクやコストが山積しており，民間企業の参入も容易ではなかった．そこで CDM 事業の発掘や実施可能性調査に ODA が活用されてきた．このことも相まって，気候変動対策援助は 2002 年以降増加した．さらに，2007 年にバリ行動計画が合意された翌年には 44 億ドルから 104 億ドルへと跳ね上がり，2009 年にコペンハーゲン合意で短期支援（fast-start finance）が決まると，援助額は 186 億ドルへとさらに増加した．この援助額の増加に最も寄与したのが日本（36.9％）とドイツ（19.9％）であった（図 8.2）．日本はインド・インドネシア・中国・ベトナムといったアジアの温室効果ガス排出削減余地の大きい国々に，ドイツはエジプトやケニア，サハラ以南アフリカなどに小規模の援助を行ってきた[3]．

またコペンハーゲン合意以降は，途上国の適応対策のための援助も実施するようになった．さらに開発援助そのものを気候変動への影響を及ぼさないものや，気候変動の影響を受けにくくするものに変えることも要請されるようになった．そこで，環境援助や気候変動対策援助で支援する事業も，水供給や農業発展，衛生改善など貧困削減の要素が組み込まれ，気候変動と貧困削減の相乗効果が追求されるようになった．

### 8.2.3　民間資金による気候変動対策支援

マラケシュ合意でCDMの目的及び運用規則が設定されると，途上国は，CDMによる資金流入や技術移転の便益を明確に認識するようになった．そこで，それまでの国連気候変動枠組み条約への参加に慎重な姿勢を転換し，指定国家担当機関を設立し，運用規則を設定するなど，CDMの受入体制を整備した．

先進国企業もこの動きに呼応して，まず大量の温室効果ガスの排出削減を低費用かつ低リスクで実現可能な事業，具体的には，工場から排出される代替フロンガス(HFC 23)の破壊やメタンや排ガス・廃熱の回収・利用，亜酸化二窒素($N_2O$)の削減事業に集中的に投資を行った．その後，小規模水力発電や風力発電などの再生可能エネルギーにも投資を行うようになった．その過程で途上国の様々な主体がCDM事業に習熟し，事業形成・実施能力を向上させると，外国からの技術移転なしにCDM事業を提案するようになった．この要望に対応してCDM理事会は，2005年に先進国が事業の設計や運営に関与しないCDM事業を，ユニラテラルCDMとして承認した．この結果，CDMの国連登録件数も2007-11年の4年間に約800件から3700件へと4.5倍に増加した．また事業内容も，小規模水力発電，風力発電，バイオマス及びバイオ燃料，燃料転換などへと拡大した．結果，2009年のCDM投資額は110-270億米ドル(Olbrisch et al., 2013)と，気候変動対策ODAとほぼ同じ水準にまで増加した．

アジアは，CDMの最大の受益者であった．実施国は，ユニラテラルCDMを大幅に実施したインド・中国・ブラジルの3か国に集中し，この4年間に国連登録されたCDM事業件数の75%，2205件を実施した．次いでマレーシアは92件，ベトナムは72件，インドネシアは65件のCDM事業を実施した(表8.1)．

中でも中国は，CDMを自国の風力発電産業の育成に活用した．2003年に再生可能エネルギー政策の目的を農村電化から産業育成に転換し，風力発電推進の国家プロジェクトを推進した．このプロジェクトでは，大型風力発電事業への参入を入札制とし，入札要件として50%の現地調達要件を課して入札時に国内企業を優遇するとともに，落札企業への25年間の買い取り保証，グリッ

表 8.1 ホスト国別国連登録 CDM 事業推移

| ホスト国 | 2007 年 8 月 13 日時点 | | 2011 年 8 月 1 日時点 | |
| --- | --- | --- | --- | --- |
| | 国連登録事業件数 | 2012 年までの総排出削減量(t-$CO_2$) | 国連登録事業件数 | 2012 年までの総排出削減量(t-$CO_2$) |
| 中国 | 104 | 426,844,851 | 1,677 | 1,276,789,502 |
| インド | 267 | 187,131,906 | 785 | 303,439,082 |
| ブラジル | 104 | 107,087,357 | 228 | 155,120,391 |
| メキシコ | 89 | 39,955,799 | 142 | 60,014,194 |
| マレーシア | 16 | 11,463,346 | 108 | 29,450,220 |
| インドネシア | 9 | 10,773,936 | 74 | 29,020,424 |
| ベトナム | 2 | 6,814,760 | 74 | 14,122,586 |
| 韓国 | 14 | 86,408,037 | 67 | 107,781,322 |
| フィリピン | 10 | 1,938,201 | 58 | 8,550,644 |
| タイ | 3 | 3,972,525 | 57 | 14,176,566 |
| チリ | 19 | 19,451,374 | 55 | 32,111,780 |
| コロンビア | 6 | 2,925,827 | 34 | 16,336,478 |
| アルゼンチン | 10 | 26,308,586 | 25 | 36,806,341 |
| 南アフリカ | 10 | 12,332,795 | 20 | 16,656,766 |
| ナイジェリア | 1 | 10,525,546 | 5 | 20,315,925 |
| その他 | 93 | 70,422,035 | 293 | 2,437,133,524 |
| 合計 | 757 | 1,024,356,881 | 3,702 | 4,557,825,744 |

出典) Mori (2013a) p.29, Table 1-1.
データ出所) IGES (2007, 2011).

ド(電力網)接続やアクセス道路の建設に対する資金支援や低利融資，優遇税制などの優遇措置を供与した．そして 2006 年に再生可能エネルギー促進法を施行し，送電網公社に一定割合の再生可能エネルギーの導入を義務づけた．さらに風力事業者に国連の CDM 事業登録を勧め，非公式に CER の最低価格を設定することで，事業者の事業リスクを低下させた(Buen and Castro, 2012)．こうした中で中国企業は，外国企業とのライセンス契約と従業員の外国研修等により技術力を向上させた[4] (Lewis, 2007)．

他方，森林での炭素吸収事業は，運用規則の厳格さゆえに，CDM の下ではほとんど実施されなかった．そこでインドネシアも，ブラジルなどとともに森林グループを形成して CDM 理事会に圧力をかけた．CDM の恩恵にあずかれなかった国々は，2007 年のバリ行動計画で，CDM の枠組みの外側に「森林減少・劣化からの温室効果ガス排出削減」(REDD)及びそれに植林事業や持続可能な森林管理等による炭素ストックの積極的な増加を加えた REDD＋を創設し，

表 8.2 東アジアの地域環境枠組み・レジームの構築に向けた動き

| 年 | イニシアティブ |
|---|---|
| 1991 | 日本の環境省がアジア太平洋環境会議(エコアジア)を立ち上げ |
| 1992 | 韓国が UNEP の参加を前提とした,環境協力北東アジア会議(NEACEC)の開催を提案 |
| 1993 | UNESCAP が,北東アジア地域環境協力プログラムの設立を支援<br>日本の環境省が第 1 回東アジア酸性雨沈降モニタリングネットワーク専門家会合を開催(1998 年にネットワークの試験稼働) |
| 1994 | UNEP の地域海洋プログラムの一部として,北西太平洋地域海行動計画(NOWPAP)を採用<br>ASEAN 環境大臣は,大気・水質最低環境基準の設定と都市大気環境モニタリング・管理プログラムの実施に合意 |
| 1995 | ASEAN が越境汚染協力計画を採択 |
| 1997 | ASEAN が地域煙害行動計画を採択 |
| 1998 | 韓国の提案で,日中韓三か国環境大臣会合(TEMM)を開催 |
| 2000 | UNESCAP が日本の支援で,持続可能な都市発展に向けた北九州イニシアティブを採択 |
| 2002 | ASEAN 加盟国が UNEP の法的支援を受けて越境煙害汚染協定に調印(2003 年発効) |
| 2005 | UNESCAP が韓国の支援で,環境的に持続可能な経済成長(グリーン成長)とエコ効率性向上に向けたソウルイニシアティブを採択<br>NOWPAP の下で,日中韓ロシアの 4 か国が地域海洋油流出緊急時計画を採択 |
| 2006 | 中国がモンゴルとともに,北東アジア黄砂対策連盟の形成を主導 |
| 2008 | 日本が東アジア環境大臣会合で地域 3R フォーラムの構築を提案 |

出典)森(2012c)213 頁,表 14-2 を一部加筆・修正.

追加的な資金供給の途を開いた.

### 8.2.4 地域環境レジームへの期待と衰退[5]

　こうした輸出圧力の中で,韓国や中国は汚染集約型産業の,マレーシアやインドネシアは油ヤシのプランテーションの生産及び輸出を急速に拡大させた.このことが,北東アジアで酸性雨や PM 2.5 等の越境大気汚染問題[6]を,東南アジアで ASEAN(東南アジア諸国連合)煙害(ヘイズ)問題を引き起こす要因となった.

　アジア経済危機は,通貨スワップ協定(チェンマイ・イニシアティブ)の締結など,危機対応を目的とした地域協力枠組みを構築する気運を高めた.そこで,

上記の二国間環境支援とは別に，**表8.2**に見られるようなアジア地域を対象とした地域環境保全レジームの構築が模索された．

　しかしこれらのイニシアティブは，主として4つの理由から，地域環境保全レジームを構築するには至らなかった．第1に，環境保全を名目に主権を譲渡させられることに対する懸念である．植民地時代に資源管理権を喪失した経験から，ASEAN加盟国は，自国の権限を制限することになる主権の他国や地域機関への譲渡に非常に神経質であった．そこで内政不干渉の原則に立って，中立性と拘束力のない合意を積み重ねてきた．中国も，他国による内政干渉を公然と非難し，地域環境協力や枠組みの構築に積極的には参加しなかった．

　第2に，東アジア，特に北東アジアでは，国家間の信頼が醸成されてこなかった．東アジアの国々は，アジア太平洋戦争の経験から，日本の突出したプレゼンスには常に警戒感を抱き，日本がアジアの盟主としてリーダーシップを発揮することに抵抗してきた．東南アジア諸国が日本のリーダーシップを受け入れるようになったのは，それが自らの国家の繁栄に寄与し，かつ日本政府が特定の政策を押し付けるために経済力を用いることはしないと認識して以降のことであった(Tsunekawa, 2005)．

　中国は，1996年以降国家間の紛争を武力ではなく対話によって解決する協調的安全保障の考え方に基づいて，対東アジア外交を展開するようになった．そして1999年の米国とのWTO加盟交渉の失敗や，米軍機による在ユーゴスラビア中国大使館への爆撃などにより対米関係が悪化すると，自国の活動空間を確保するために，日本を含めた地域協力を推進する姿勢を見せた．その半面，1990年代後半からナショナリズムを国民統合のために利用する傾向を強め，中国が列強から受けた侵略や屈辱を強調する愛国主義教育を推進し(高原・前田, 2014, 111頁)，日本の東アジアでの影響力を落とそうとしてきた(Rozman, 2004)．アジア経済危機の際に日本が克服策として提案したアジア通貨基金構想を，米国とともに反対して潰し，日本がシンガポールとの経済協力協定の締結を表明すると，日本に先駆け，かつ経済的便益を大幅に譲渡してまでASEANと包括経済協力枠組み協定を迅速に締結した(Lee, 2008)．

　韓国もまた，2004年にそれまでの反米政策を転換して輸出主導型経済成長戦略と東アジアの「ハブ国家」戦略を追求する中で，日本に対するライバル視

を強めた．そして日本よりも有利な条件で輸出できるように，欧州連合(EU)や米国を含む多くの国・地域との間でFTAを締結した．

　第3に，日本のイニシアティブが低下する中で，韓国が独自のイニシアティブを推進するようになった．東アジア酸性雨ネットワークに関しては，日本が主導的な役割を果たしているとの理由から協力を拒み，代替的な枠組みを構築しようとした．ところが，資金も技術能力も小さかったために効果を発揮できず(Brettell, 2007)，日本も政治力が弱かったために，越境酸性雨問題解決のために東アジアの大気汚染物質の排出基準を厳しい基準に調和させることはできなかった．さらに国連極東アジア太平洋経済社会委員会(UNESCAP)においても，日本が都市環境改善を目的に進めてきた「クリーンな環境のための北九州イニシアティブ」に代えて，2005年に環境的に持続可能な経済成長（グリーン成長）を提案した．そして世界グリーン成長研究所(GGGI)を設立して国際的な研究ネットワークの拠点とし，国連環境計画(UNEP)やOECDにも働きかけ，2008年以降の世界経済危機と気候変動危機の「二重の危機」を克服する言説として世界中に広めてきた[7]．

　第4に，地域協力や地域レジームの目的を危機管理から互恵関係へと発展させることができなかった．欧州では，長距離越境大気汚染条約や欧州モニタリング・評価プログラムで得た科学的知見に基づいて環境基準を設定したが，その導入を市場統合や欧州連合加盟とリンクさせることで，環境基準の相違に基づいた企業の立地選択行動を防止しつつ，市場拡大の便益を得られる枠組みへと転換した．ところがアジアでは，各国が自国の輸出主導型経済成長戦略を推進し，外貨準備を蓄積する観点から二国間FTA締結交渉を進めた．このため，市場拡大の便益と引き換えにさらに踏み込んだ地域レジームを構築することにはならず，環境基準の調和も議題にはならなかった．またASEAN経済統合プロセスにおいても，環境政策の厳格化や調和は議題とされなかった．

## 8.3　中国主導の国際的エネルギー・環境枠組みの構築の動き

　中国は，経済成長を持続させる手段として，国外調達を含めたエネルギーの

確保に重点を置いてきた．ところが，2010 年に国連に提出した国別気候変動緩和行動(NAMA)で，単位 GDP 当たりではありながらも，温室効果ガスの排出削減を国際的に公約した．また PM 2.5 等による大気汚染が深刻化する中で，これまで 5 か年計画の中で目標を明示して推進してきた二酸化硫黄の総量規制やエネルギー原単位の削減だけでなく，石炭消費の削減に着手せざるを得なくなった．そこで 2013 年に大気汚染防止行動計画を策定し，2017 年までに一次エネルギーに占める石炭比率を 65% に抑制する目標を設定した．この目標を実現する手段として，小規模ボイラーや老朽化した石炭火力発電の燃料を石炭から天然ガスへと転換することを奨励した．

　天然ガスや原油を外国から円滑に調達するために，2008 年の世界経済危機以降，主として米国政府証券などの金融商品で運用してきた外貨準備を活用するようになった．即ち，中国開発銀行や輸出入銀行などからの低利融資と引き換えに，中国と産油国の石油・ガス企業間の原油長期購入契約や中国国有石油企業の上中流事業への投資を行うようになった．2009-14 年に，ベネズエラ，ロシア，ブラジル，トルクメニスタン，カザフスタン，エクアドルなどに約 1430 億米ドルの融資の提供と，天然ガス年間 1430 億立方メートル，原油 92-130 万バレル/日の輸入契約を締結した(竹原，2014)．これは，2009 年の中国のガス輸入量の 2.3 倍，原油輸入量の 4 分の 1〜3 分の 1 に相当する．またミャンマーとの間でも，ミャンマー企業とのジョイントベンチャーでのパイプラインの建設と引き換えに，年間 50 億立方メートルの売買契約を 2008 年に締結した．

　こうした原油・ガス購入契約をロシアや中央アジア諸国と締結する際に，中国は上海協力機構を活用してきた．これは，ソ連崩壊後の中央アジア地域のテロ活動・分離独立運動・イスラム原理主義運動に対応する地域協力の枠組みとして，2001 年にロシア・中国及び中央アジア 4 か国(カザフスタン・キルギス・タジキスタン・ウズベキスタン)との間で設立されたものである．この 6 か国の間には，民主主義や法の支配，宗教といった国同士を結びつける共通の価値は存在しなかった(Fredholm, 2013)．しかし，地域の安定や安全保障だけでなく，貿易・投資・エネルギーといった経済発展に関する目標を共有することで，相互依存を強めてきた(Bin, 2013)．このことが，中央アジア諸国のエネルギー供

給先多様化戦略と相俟って，戦略的パートナーシップを締結し，エネルギー購入契約の締結を容易にした．

この経験を基に，中国は BRICS 開発銀行やアジアインフラ投資銀行の設立を提唱している．中国だけでなく他の出資国の資金も動員して，既存の国際開発金融システムを代替し，米国や日本の影響力を排除することで，中国に有利な形で資源やエネルギーの供給国への融資を拡充し，国際的な金融システムを構築することを目指している[8]．

中国で石炭からガスへの燃料転換が進めば，これまでの国際環境協力の枠組みでは実現が困難であった，北東アジアの越境大気汚染問題の解決や，地球規模での温室効果ガス排出量の削減が可能になるかもしれない．その半面，原油やガスの輸出国で環境政策が緩く執行も厳格でなければ，生産量増加に伴い環境汚染も拡大する可能性がある．そして将来産出量が減少すれば，供給契約を履行するために国内供給量の削減や国内供給価格の引上げが必要となるであろう．これは輸出国で一般的なエネルギー価格補助を削減し，エネルギーの効率的利用を促すものの，エネルギーへのアクセスが困難な貧困層(energy poor)を増やすことになる[9]．しかも BRICS 開発銀行やアジアインフラ投資銀行が世界銀行やアジア開発銀行が制度化してきたのと同等の環境社会配慮政策を持たなければ，「底辺への競争」(race to the bottom)を加速させることも懸念される．

## 8.4 東アジアの持続可能な発展への移行戦略

本章で示した点を要約する．国家統合の求心力として，またグローバル化に対する国や政権の生き残り戦略として開発主義を掲げ続け，それに基づいた社会経済システムを構築したことが，東アジアが経済成長に資する範囲でしか環境を保全しないことの1つの根本的な原因であった．そして環境悪化を解決する当事者意識を政府が持たない国では，たとえ国際環境協力が環境改善と経済的利益の両方を得られる機会を提供したとしても，十分な効果を持たなかった．グローバル化に対応して外資誘致による輸出主導型工業化を推進した結果，所得格差が拡大し，分配に影響を及ぼす環境政策を推進することが困難になった．そこで稼いだ外貨を活用して国外からより環境負荷の小さいエネルギーや資源

を調達し，さらにそれを推進する国際枠組みを構築することで国内の環境問題を解決しようとしており，環境汚染の国外移転を促す恐れがある．

このことが示唆するのは，東アジアが既存の経済発展様式をより持続可能なものに移行するには，国家統合の求心力を開発主義やナショナリズムではなく，人間開発，個人や社会の福祉の向上に求めるように転換することが不可欠だということである．このためには，東アジアの発展戦略に欠けていた社会的持続性，即ち，人間福祉・衡平性・民主的政府・民主的な市民社会（Magis and Shinn, 2009）を尊重し強化する取り組みを発展戦略に組み込み，実施していくことが必要となろう．

序章で述べられたように，グローバル化が進展しグローバル市場の要求に政府が応えざるを得なくなっている現在，権威主義の特徴を残す東アジアの国家が持続可能な発展へと移行するのは容易ではない．であればこそ，誰がどのようにどのくらいの期間をかけて進めていくのか．研究すべき課題は多く残されている．

　　＊本稿は，科研費基盤研究B「中国のエネルギー・気候変動政策の実施障壁と周辺エネルギー輸出国への影響」（代表：森晶寿）及び環境省環境総合研究推進費戦略課題S-11「持続可能な開発目標とガバナンスに関する総合的研究プロジェクト」（代表：蟹江憲史）の成果の一部である．

　　注
1) 本節の記述は，主に森(2012b)に依拠する．
2) 中国国家統計局が2014年1月に公表した2010年のジニ係数は0.48であったが，西南財経大学「中国家庭金融調査・研究センター」が2012年12月に発表したものは0.61と危険ラインを越えるものであった(高原・前田，2014，179頁)．
3) ドイツは援助方針として低所得国重視を掲げているため，中国やインドネシアなどの中所得国に多額のODAを供与することはできなかった．2009年以降の中国に対する気候変動対策援助の増加は，環境省がODAとは別の資金を供与したことによる(ドイツ国際協力機関(Deutsche Gesellschaft für Internationale Zusammenarbeit GmbH: GIZ)での聞き取り調査(2013年2月28日)による)．
4) ただし，CDM事業登録された中国の風力発電事業の多くは，事業企画書(PPD)に記載された炭素排出削減量を達成できなかった．このことがCDM理事会での審査をより厳格にさせ，審査により長期間を要すようになり，事業者のCDMに対する信頼を失わせることになった(Michaelowa and Buen, 2012)．
5) 本節は，主に森(2012c)に依拠する．
6) 中国は，公式には，韓国や日本の酸性雨やPM 2.5の原因が中国にあることを認めて

いない.
7) 2012年の国連持続可能な発展会議(リオ+20)においても,グリーン成長を持続可能な発展目標(SDG)の1つとすべきとの主張がなされた.しかし,グリーン成長は社会的衡平性や男女平等,女性のエンパワメントや雇用機会の均等などの社会的側面を十分に考慮していない概念であったために,グローバルな目標としては承認されなかった.ポスト2015開発目標に向けての国連の統合報告書(United Nations General Assembly, 2014)では,目標として,「持続的かつ包括的な持続可能な経済成長」(sustained, and inclusive sustainable economic growth)を掲げている.
8) 2014年11月までに,ASEAN加盟10か国を含む22か国が,アジアインフラ投資銀行への参加に関する基本合意書に署名した(『日本経済新聞』2014年11月26日).ところが2015年3月に英国が参加を表明したことで,ドイツ・フランス・オーストリア・韓国を含めた50か国が参加を表明した(『日本経済新聞』2015年4月1日).
9) タイも小規模ながら,メコン地域で中国と同様の地域枠組みの構築を進めている.詳しくは,森(2012a)を参照されたい.

## 文献

下田充・渡邉隆俊・叶作義・藤川清史(2009)「東アジアの環境負荷の相互依存——$CO_2$の帰属排出量・水と土地の間接使用量」森晶寿著『東アジアの経済発展と環境政策』ミネルヴァ書房, 40-57頁.
高原明生・前田宏子(2014)『中国近現代史⑤ 開発主義の時代へ』岩波新書.
竹原美佳(2014)「中国のエネルギー・気候変動政策の実施障壁と周辺エネルギー輸出国への影響」研究会報告資料, 2014年10月11日.
永禮英明(2008)「環境政策の汚染物質排出量削減効果」森晶寿・植田和弘・山本裕美編著『中国の環境政策——現状分析・定量評価・環境円借款』京都大学学術出版会, 231-245頁.
森晶寿(2008a)「環境円借款の中国の環境政策・制度発展へのインパクト」森晶寿・植田和弘・山本裕美編著『中国の環境政策——現状分析・定量評価・環境円借款』京都大学学術出版会, 305-328頁.
森晶寿(2008b)「日本の対中環境協力」北川秀樹編著『中国の環境問題と法・政策——東アジアの持続可能な発展に向けて』法律文化社, 420-438頁.
森晶寿(2009a)『環境援助論——持続可能な発展目標実現の論理・戦略・評価』有斐閣.
森晶寿(2009b)「終章 得られた知見と今後の課題」森晶寿編著『東アジアの経済発展と環境政策』ミネルヴァ書房, 243-254頁.
森晶寿(2012a)「タイ——エリート民主主義が阻んだ環境政策」森晶寿編著『東アジアの環境政策』昭和堂, 129-143頁.
森晶寿(2012b)「東アジアの経済発展と環境政策形成の推進力」森晶寿編著『東アジアの環境政策』昭和堂, 2-17頁.
森晶寿(2012c)「東アジア地域における環境政策の共通化——期待と課題」森晶寿編著『東アジアの環境政策』昭和堂, 210-221頁.
山本浩平(2008)「大気汚染政策による硫黄酸化物の排出削減効果」森晶寿・植田和弘・山本裕美編著『中国の環境政策——現状分析・定量評価・環境円借款』京都大学学術出版会, 211-230頁.
渡邉隆俊・下田充・藤川清史(2009)「東アジアの国際分業構造の変化——付加価値の究極的配分」森晶寿編著『東アジアの経済発展と環境政策』ミネルヴァ書房, 21-39頁.

Bin, Y. (2013), "The SCO ten years after," in M. Fredholm (ed.), *The Shanghai Co-*

operation Organization and Eurasian Geopolitics: New Directions, Perspectives, and Challenges*, Copenhagen: NIAS Press, pp. 29-61.
Brettell, A. (2007), "Security, energy, and the environment: The atmospheric link," in I.-T. Hyun and M. A. Schreurs (eds.), *The Environmental Dimension of Asian Security: Conflict and Cooperation over Energy, Resource and Pollution*, Washigton, D. C.: United States Institute of Peace, pp. 89-113.
Buen, J. and P. Castro (2012), "How Brazil and China have financed industry development and energy security initiatives that support mitigation objectives," in A. Michaelowa (ed.), *Carbon Markets or Climate Finance? Low Carbon and Adaptation Investment Choices for the Developing World*, London: Routledge, pp. 53-91.
Dryzek, J. S. (2005), *The Politics of the Earth: Environmental Discourses*, 2nd ed., Oxford: Oxford University Press(丸山正次訳『地球の政治学——環境をめぐる諸言説』風行社, 2007年).
Economy, E. (2004), *The River Runs Black: The Environmental Challenge to China's Future*, Ithaca: Cornell University Press(片岡夏実訳『中国環境リポート』築地書館, 2005年).
Fredholm, M. (2013), "Too many plans for war, too few common values: Another chapter in the history of the Great Game or the guarantor of Central Asian security?" in M. Fredholm (ed.), *The Shanghai Cooperation Organization and Eurasian Geopolitics: New Directions, Perspectives, and Challenges*, Copenhagen: NIAS Press, pp. 3-19.
IGES (2007), IGES CDM project database, Update on August 2007 (http://www.iges.or.jp/en/cdm/report_cdm.html, 最終アクセス：2007年9月30日).
IGES (2011), IGES CDM project database, Update on August 2011 (http://www.iges.or.jp/en/cdm/report_cdm.html, 最終アクセス：2011年8月31日).
Lee, S. J. (2008), "Korean perspectives on East Asian regionalism," in K. E. Calder and F. Fukuyama (eds.), *East Asian Multilateralism: Prospects for Regional Stability*, Baltimore: Johns Hopkins University Press, pp. 98-213.
Lewis, J. I. (2007), "Technology acquisition and innovation in the developing world: Wind turbine development in China and India," *Studies in Comparative International Development*, Vol. 42, pp. 208-232.
Magis, K. and C. Shinn (2009), "Emergent principles of social sustainability," in J. Dillard, V. Dujon, and M. C. King (eds.), *Understanding the Social Dimension of Sustainability*, New York: Routledge, pp. 15-44.
Michaelowa, A. and J. Buen (2012), "The Clean Development Mechanism gold rush," in A. Michaelowa (ed.), *Carbon Markets or Climate Finance? Low Carbon and Adaptation Investment Choices for the Developing World*, London: Routledge, pp. 1-38.
Mori, A. (2011), "Overcoming barriers to effective environmental aid: A comparison between Japan, Germany, Denmark, and the World Bank," *Journal of Environment and Development*, Vol. 20, No. 1, pp. 3-26.
Mori, A. (2013a), "Evolution of environmental governance in the East Asian Region: A historical perspective," in A. Mori (ed.), *Environmental Governance for Sustainable Development: An East Asian Perspective*, Tokyo: United Nations University Press, pp. 19-36.
Mori, A. (2013b), "The impact of globalization on East Asia's economic, energy and environmental relations," in A. Mori (ed.), *Environmental Governance for Sustain-*

*able Development: An East Asian Perspective*, Tokyo: United Nations University Press, pp. 211-233.

Olbrisch, S. et al. (2013), "Mitigation: Estimates of incremental investment and incremental cost," in E. Haites (ed.), *International Climate Finance*, London: Routledge, pp. 32-53.

Rozman, G. (2004), *Northeast Asia's Stunted Regionalism: Bilateral Distrust in the Shadow of Globalization*, Cambridge(UK): Cambridge University Press.

Sanderson, H. and M. Forsythe (2013), *China's Superbank: Debt, Oil and Influence: How China Development Bank is Rewriting the Rules of Finance*, Singapore: Bloomberg Press(築地正登訳『チャイナズ・スーパーバンク――中国を動かす謎の巨大銀行』原書房，2014年).

Tsunekawa, K. (2005), "Why so many maps there? Japan and regional cooperation," in T. J. Pempel (ed.), *Remapping East Asia: The Construction of a Region*, Ithaca: Cornell University Press, pp. 101-148.

United Nations General Assembly (2014), The Road to Dignity by 2030: Ending Poverty, Transforming All Lives and Protecting the Planet, Synthesis Report of the Secretary-General on the post-2015 sustainable development agenda, https://sustainabledevelopment.un.org/index.php?page=view&type=400&nr=1579&menu=1300(2015年2月9日最終アクセス).

# リーディングリスト

○は各章の内容に関する基本文献，☆は各章を読み終えてさらにその分野を学ぶための文献です．

## 第1章
○P. ダスグプタ／植田和弘・山口臨太郎・中村裕子訳(2008)『経済学』岩波書店，2008年．
○淡路剛久・川本隆史・植田和弘・長谷川公一編(2006)『持続可能な発展(リーディングス 環境 第5巻)』有斐閣．
☆P. ダスグプタ／植田和弘監訳(2007)『サステイナビリティの経済学――人間の福祉と自然環境』岩波書店．
☆国連大学地球環境変化の人間・社会的側面に関する国際研究計画，国連環境計画(UNU-IHDP)編／植田和弘・山口臨太郎訳(2014)『国連大学　包括的「富」報告書――自然資本・人工資本・人的資本の国際比較』明石書店．

## 第2章
○橘木俊詔(2013)『「幸せ」の経済学』岩波現代全書．
○大竹文雄・白石小百合・筒井義郎編著(2010)『日本の幸福度――格差・労働・家族』日本評論社．
☆橘木俊詔編著(2014)『幸福＝Happiness』ミネルヴァ書房．
☆佐藤真行(2014)「「持続可能な発展」に関する経済学的指標の現状と課題」『環境経済・政策研究』第7巻第1号，23-32頁．

## 第3章
○青木健・馬田啓一編著(2008)『貿易・開発と環境問題――国際環境政策の焦点』文眞堂．
○山下一仁(2011)『環境と貿易――WTOと多国間環境協定の法と経済学』日本評論社．
☆清野一治・新保一成編(2007)『地球環境保護への制度設計』東京大学出版会．
☆Copeland, B. R. and M. S. Taylor(2003), *Trade and the Environment: Theory and Evidence*, Princeton: Princeton University Press.

## 第4章
○藤崎成昭編(1992)『発展途上国の環境問題――豊かさの代償・貧しさの病(改訂増補

版)』アジア経済研究所.
○井村秀文・松岡俊二・下村恭民編著(2004)『環境と開発(シリーズ国際開発2)』日本評論社.
☆R.D.シンプソン，M.A.トーマン，R.U.エイヤーズ編著／植田和弘監訳(2009)『資源環境経済学のフロンティア──新しい希少性と経済成長』日本評論社.
☆Barbier, E.B.(2010), "Poverty, development, and environment," *Environment and Development Economics*, Vol.15, No.6, pp.635-660.

第5章
○I.ダイアモンド，G.F.オレンスタイン編／奥田暁子・近藤和子訳(1994)『世界を織りなおす──エコフェミニズムの開花』学芸書林.
○田中由美子・大沢真理・伊藤るり編著(2002)『開発とジェンダー──エンパワーメントの国際協力』国際協力出版会.
☆R.ブライドッチ他／壽福眞美監訳(1999)『グローバル・フェミニズム──女性・環境・持続可能な開発』青木書店.
☆Mies, M. and V.Shiva(1993), *Ecofeminism*, Halifax: Zed Books.

第6章
○小林寛子(2002)『エコツーリズムってなに？──フレーザー島からはじまった挑戦』河出書房新社.
○J.マック／瀧口治・藤井大司郎監訳(2005)『観光経済学入門』日本評論社.
☆真板昭夫・石森秀三・海津ゆりえ編(2011)『エコツーリズムを学ぶ人のために』世界思想社.
☆Wood, M.E. (2002), *Ecotourism: Principles, Practices & Policies for Sustainability*, Paris, Burlington: UNEP, The International Ecotourism Society(http://www.pnuma.org/eficienciarecursos/documentos/Ecotourism 1.pdf#search='Wood%2CM.E.%282002%29%2C+Ecotourism+%3A+Principles%2C+practices+%26+policies+for+sustainability%2C+UNEP%2CUN+publication.').

第7章
○亀山康子(2010)『新・地球環境政策』昭和堂.
○阪口功(2013)「市民社会──プライベート・ソーシャル・レジームにおけるNGOと企業の協働」大矢根聡編『コンストラクティヴィズムの国際関係論』有斐閣，169-193頁.
☆日本国際政治学会編(2011)『環境とグローバル・ポリティクス』(『国際政治』第166号).

☆Barrett, S. (2003), *Environment and Statecraft: The Strategy of Environmental Treaty-making*, Oxford: Oxford University Press.

## 第 8 章
○森晶寿編著(2012)『東アジアの環境政策』昭和堂.
○森晶寿(2009)『環境援助論——持続可能な発展目標実現の論理・戦略・評価』有斐閣.
☆森晶寿・植田和弘・山本裕美編著(2008)『中国の環境政策——現状分析・定量評価・環境円借款』京都大学学術出版会.
☆Mori, A. (ed.) (2012), *Democratization, Decentralization and Environmental Governance in Asia*, Kyoto: Kyoto University Press.

# 索　引

## 欧　文

CCAMLR　→南極海洋生物資源保存委員会
CDM　→クリーン開発メカニズム
CDP　→カーボン・ディスクロージャー・プロジェクト
energy poor　→エネルギーへのアクセスが困難な貧困層
FSC　→森林管理協議会
FTA　→自由貿易協定
GAD　→ジェンダーと開発
GATT/WTO　　53, 62-65
GDP 代替指標　　35, 48
GEF　→地球環境ファシリティ
green growth　→グリーン成長
HDI　→人間開発指数
IATTC　→全米熱帯まぐろ類委員会
ICCAT　→大西洋まぐろ類保存国際委員会
in situ upgrading　　92
inclusive growth　→包摂的経済成長
IUCN　→国際自然保護連合
MDGs　→国連ミレニアム開発目標
MSC　→海洋管理協議会
NAMA　→国別気候変動緩和行動
PEI　→貧困・環境イニシアティブ
PES　→生態系サービスへの支払い
PPF　→生産可能性曲線
pro-poor growth　→貧困削減に寄与する経済成長
PRSP　→貧困削減戦略文書
race to the bottom　→底辺への競争
REDD　→森林の減少・劣化に由来する排出の削減
REDD+　　92, 160
RSPO　→持続可能なパーム油のための円卓会議
SDGs　→持続可能な開発／発展目標
UNCED　→国連環境開発会議
UNEP　→国連環境計画
UNESCO　→国連教育科学文化機関
UNFCCC　→国連気候変動枠組条約
UNFF　→国連森林フォーラム
WEDO　→女性による環境と開発の組織
well-being の決定要因　　20
well-being の構成要素　　20
WMG　→女性メジャーグループ
WSSD　→持続可能な開発／発展に関する世界首脳会議
WWF　→世界自然保護基金

## あ　行

アジアインフラ投資銀行　　179
アジェンダ 21　　3, 97, 111, 169
アナーキーな国際社会　　3, 141
アロー，K.　　26
イクロム　→文化財保存修復研究国際センター
イコモス　→国際記念物遺跡会議
イースタリン・パラドクス　　39
インフォーマルセクター　　87
宇沢弘文　　24
衛生的な水アクセス　　88
エコツーリズム　　120, 123
　——の基本原則　　131
エコフェミニズム　　101
エコロジー運動　　100
エコロジカル・サービス　　81
エコロジカルな持続可能性　　14
エネルギーへのアクセスが困難な貧困層 (en-

ergy poor） 179
煙害（ヘイズ） 175
汚染規制逃避地仮説 56-58, 60, 70, 72
オーナーシップ →当事者意識
オープンアクセス 66, 68, 69, 72

## か 行

開発計画における環境対策のメインストリーム化 92
開発と女性 101
外部不経済 63, 68
海洋管理協議会（MSC） 150
カーボン・ディスクロージャー・プロジェクト（CDP） 149
ガラパゴス開発庁 135
ガラパゴス諸島 135
ガラパゴス特別法 135
カルチュラル・エコフェミニズム 104
カルチュラル・フェミニズム 102
環境アプローチ 108
環境運動 97, 100
環境援助 170
環境規制効果 57, 58
環境クズネッツ曲線 54, 78
環境・社会セーフガードポリシー 170
環境ダンピング 53, 60, 63
環境的・エコロジー的持続可能性 106
環境的公正 106
環境と開発に関する国連会議 →国連環境開発会議
環境と開発に関する世界委員会 →ブルントラント委員会
環境と女性／ジェンダー 97, 98
環境破壊 75
環境や資源への配慮 16
観光市場の失敗 125
観光容量 127
技術革新による相殺 61
技術効果 54-56, 72
期待所得 87

規模効果 54, 56
キャッチアップ 163
急性呼吸器感染症罹患率 88
京都議定書 151
共有資源 142
国別気候変動緩和行動（NAMA） 178
クラブ財 142
グリーン GDP 37
クリーン開発メカニズム（CDM） 171
グリーン・ウオッシュ 114
グリーン経済 6
グリーン成長（green growth） 5, 78, 177
グリーンピース 149
クールノー型複占競争 61
グローバル市民社会 →世界市民社会
経済的持続可能性 14, 106
ケイパビリティ・アプローチ 28
下痢罹患率 88
権威主義的（開発）体制 164
健康で平和な惑星のための女性の行動アジェンダ 2015 115
健康な惑星のための世界会議（マイアミ会議） 110
顕示選好アプローチ 43
公共財 125, 141
恒常的貧困 82
構造効果 54, 56, 57
後発性の利益 163
幸福研究 21
幸福度 34
国際エコツーリズム年 122
国際観光機関 122
国際記念物遺跡会議（イコモス） 133
国際競争力 53, 60, 61
国際自然保護連合（IUCN） 133
国際制度 141
国際相対価格 56, 67, 69
国際熱帯木材協定 156
国連環境開発会議（地球サミット，リオ・サミット，環境と開発に関する国連会議，UNCED） 3, 97, 110, 122, 146

索　引

国連環境計画(UNEP)　122
国連気候変動枠組条約(UNFCCC)　151
国連教育科学文化機関(UNESCO)　132
国連砂漠化対処条約　147
国連女性の10年　109
国連森林フォーラム(UNFF)　144
国連ミレニアム開発目標(MDGs)　5, 15, 93, 112, 171
コスタリカ　120
固定的性別役割分業観　107
コミュニティガバナンス　27
コミュニティを基礎とする観光　130
コモンズ　91, 142
　——の悲劇　143
コモンプール財　125
コンディショナリティ　2

### さ　行

再生可能資源　53, 66-68
最善政策　59, 64, 65
ジェンダーと開発(GAD)　107
ジェンダーの視点　98
ジェンダーの主流化　97, 98
資源管理制度　53, 66, 68, 69, 72
資源の呪い　78
市場の失敗　125
市場の不完全性　125
次善最適政策　69, 70
自然資本　38, 42, 47
持続可能性　19, 34, 39
　——三原則　19
　——パラダイム　12
　エコロジカルな(エコロジー的)——　14, 106
　環境的——　106
　経済的——　14, 106
　社会的——　14
持続可能な開発／発展　11, 39, 102, 123
　——指標　34, 47
　——に関する世界首脳会議(WSSD)　5, 112
　——の各論化　15
　——目標(SDGs)　6, 15, 94, 115
持続可能なパーム油のための円卓会議(RSPO)　158
実現させる資産　26
私的限界費用　60, 63
ジニ係数　168
資本アプローチ　6, 38, 40, 42, 46, 48
資本間の代替可能性　18
資本労働効果　57, 58
社会関係資本　7, 38, 47
社会厚生関数　129
社会的共通資本　24
社会的限界費用　60, 63
社会的公正　111
社会的効率　17
社会的持続可能性　14
社会的ジレンマ　99
シャドー価格　23
囚人のジレンマ　142
周辺化　107
自由貿易協定(FTA)　167
主観的幸福　38, 42, 44, 46, 48
主観的福祉　21
シュリンプ・タートル事案　65
条件不利　76
女性，環境，持続可能な開発　108
女性原理　104
女性による環境と開発の組織(WEDO)　110
女性のアクション・アジェンダ21　111
女性のエンパワメント　97
女性の視点　98
女性メジャーグループ(WMG)　114
女性Rio 2012実行委員会　115
所有権制度　68
人工資本　38, 42, 47
人口調整策　99
真正貯蓄　41
人的資本　38, 42, 47

191

森林管理協議会(FSC)　149
森林原則声明　156
森林の減少・劣化に由来する排出の削減
　　(REDD)　174
スカベンジャー　87
スクウォッター　87
スラム　87
政策割当　59, 64, 66
生産可能性曲線(PPF)　55, 56, 67, 72
生産的基盤　20
生態系サービス　120
　　——への支払い(PES)　92, 120
正の外部性　130
生物多様性条約　155
世界遺産条約　132
世界危機遺産　134
世界自然保護基金(WWF)　158
世界市民社会(グローバル市民社会)　4, 148
世界旅行観光業協議会　122
世代間衡平　16
説得ゲーム　146
潜在能力アプローチ　40
漸進的政策改革　69
全米熱帯まぐろ類委員会(IATTC)　148
戦略的環境政策　53, 61, 63
ソーシャル・エコフェミニズム　105
ソーシャル・エコロジー　105
ソーシャル・キャピタル　23
　　——の影の側面　27
ソーシャル・フェミニズム　102
ソロー=ハートウィック持続可能性　18

### た 行

第3回世界女性会議　97, 109
第4回世界女性会議　109
大西洋まぐろ類保存国際委員会(ICCAT)　148
多国間環境条約　169
ダスグプタ, P.　20

ダッシュボード型指標　36
男性原理　104
地域環境協力　163
地域環境保全レジーム　176
地域社会の厚生　129
チェルノブイリ原子力発電所事故　100
地球環境ファシリティ(GEF)　3
地球サミット　→国連環境開発会議
地球評議会　122
長期の貿易利益　67, 68
長距離越境大気汚染条約　151
調整ゲーム　145
直接投資　53, 54, 57-59, 63, 64
ツナ・ドルフィン事案　65
底辺への競争(race to the bottom)　2, 53, 63, 64
デイリー, H.　19
統合型(単一型)指標　36
当事者意識　5, 170
都市化　86
都市失業　53, 69, 71
都市スラム　75

### な 行

ナイロビ将来戦略　109
名古屋議定書　160
南極海洋生物資源保存委員会(CCAMLR)　148
南北間衡平　16
二元論的ジレンマ　104
乳幼児死亡率　88
人間開発指数(HDI)　7, 22

### は 行

排出係数　56
パットナム, R.　25
ハートウィック・ルール　18
パネル(紛争小委員会)　64-66
ハリス=トダロ・モデル　86

比較優位　　54, 56, 58, 68
ピグー税　　60, 62, 63, 70
非木材林産物生産　　80
費用便益分析　　128
表明選好アプローチ　　43
貧困・環境イニシアティブ(PEI)　　92
貧困削減戦略文書(PRSP)　　92, 171
貧困削減に寄与する経済成長(pro-poor growth)　　78
フェミニズム　　101
不可視化　　107
負の外部性　　125
ブルントラント委員会(環境と開発に関する世界委員会)　　11, 123
文化財保存修復研究国際センター(イクロム，ローマ・センター)　　133
平和運動　　100
北京行動綱領　　110
包括的経済成長(inclusive growth)　　91
包括的富　　7, 23
保証ゲーム(鹿狩り)　　143
ポーター仮説　　61

### ま 行

マイアミ会議　→健康な惑星のための世界会議
マスキー規制　　61
マルポール条約　　145
民主化運動　　165

民主主義体制　　165
モントリオール議定書　　150

### や 行

焼畑農業　　75
輸出主導型工業化　　164
要素賦存　　56-58
ヨーテボリ議定書　　151

### ら 行

ライオンの経済学　　128
ラムサール条約　　155
リオ・サミット　→国連環境開発会議
立地選択　　61, 63, 64
リベラル・エコフェミニズム　　103
リベラル・フェミニズム　　102
留保賃金　　84
臨界資本　　41
レスポンシブル・ケア　　150
労働配分決定　　84
ローマ・センター　→文化財保存修復研究国際センター

### わ

ワシントン・コンセンサス　　2
ワシントン条約　　149
私たちが望む未来　　113

【執筆者】

**森　晶寿**　→奥付上参照

**亀山康子**　→奥付上参照

**植田和弘**（うえた・かずひろ）
　京都大学大学院経済学研究科教授
　専攻：環境経済学

**諸富　徹**（もろとみ・とおる）
　京都大学大学院経済学研究科教授
　専攻：環境経済学

**大東一郎**（だいとう・いちろう）
　慶應義塾大学商学部教授
　専攻：国際経済学・経済発展論

**金子慎治**（かねこ・しんじ）
　広島大学大学院国際協力研究科教授
　専攻：環境経済学

**萩原なつ子**（はぎわら・なつこ）
　立教大学大学院21世紀社会デザイン研究科・社会学部教授
　専攻：社会学・環境社会学・ジェンダー論・NPO論

**薮田雅弘**（やぶた・まさひろ）
　中央大学経済学部教授
　専攻：公共政策・環境経済学

**阪口　功**（さかぐち・いさお）
　学習院大学法学部教授
　専攻：国際関係論・地球環境ガバナンス

【編者】

**亀山康子**
国立環境研究所社会環境システム研究センター
持続可能社会システム研究室室長
専攻:国際関係論

**森　晶寿**
京都大学大学院地球環境学堂准教授
専攻:地球益経済論

シリーズ 環境政策の新地平 1
グローバル社会は持続可能か　第 1 回配本(全 8 巻)

2015 年 5 月 8 日　第 1 刷発行

編　者　亀山康子　森　晶寿
発行者　岡本　厚
発行所　株式会社 岩波書店
　　　　〒101-8002 東京都千代田区一ツ橋 2-5-5
　　　　電話案内　03-5210-4000
　　　　http://www.iwanami.co.jp/

印刷・法令印刷　カバー・半七印刷　製本・三水舎

© Yasuko Kameyama and Akihisa Mori 2015
ISBN 978-4-00-028791-3　Printed in Japan

## シリーズ 環境政策の新地平

編集委員：大沼あゆみ・亀山康子・新澤秀則・鷲田豊明

1 グローバル社会は持続可能か*
　　編集：亀山康子 + 森晶寿

2 気候変動政策のダイナミズム
　　編集：新澤秀則 + 髙村ゆかり

3 エネルギー転換をどう進めるか
　　編集：新澤秀則 + 森俊介

4 生物多様性を保全する
　　編集：大沼あゆみ + 栗山浩一

5 資源を未来につなぐ
　　編集：亀山康子 + 馬奈木俊介

6 汚染とリスクを制御する
　　編集：大沼あゆみ + 岸本充生

7 循環型社会をつくる
　　編集：鷲田豊明 + 笹尾俊明　……次回刊行予定

8 環境を担う人と組織
　　編集：鷲田豊明 + 青柳みどり

（＊は既刊）

———— 岩波書店刊 ————
2015年5月現在